多轴数控加工
编程及仿真实例

吕　辉　梁国栋　著

电子工业出版社

Publishing House of Electronics Industry

北京·**BEIJING**

内 容 简 介

本书聚焦多轴数控加工编程及仿真技术，以 4 个典型实例（圆凸台、变距滚轮、亚历山大头像和涡轮叶片）为载体，系统讲解从工艺制定到程序编制的完整流程。本书从简单零件的加工工艺制定到复杂曲面的多轴编程，结合丰富的图片与操作步骤，由浅入深地对各章内容及重点知识进行详细阐述，旨在帮助读者全面掌握多轴数控加工的核心技能，这对提升读者多轴数控加工编程及仿真技术的应用水平具有重要价值。

本书既可作为数控加工领域工程技术人员的实践指南，也可作为高等院校机械制造、数控技术相关专业的教学参考书。

未经许可，不得以任何方式复制或抄袭本书之部分或全部内容。

版权所有，侵权必究。

图书在版编目（CIP）数据

多轴数控加工编程及仿真实例 / 吕辉，梁国栋著.

北京：电子工业出版社，2025. 9. -- ISBN 978-7-121-51034-2

Ⅰ. TG659-39

中国国家版本馆 CIP 数据核字第 20251BP664 号

责任编辑：马文哲

印　　刷：河北鑫兆源印刷有限公司

装　　订：河北鑫兆源印刷有限公司

出版发行：电子工业出版社

　　　　　北京市海淀区万寿路 173 信箱　　　邮编：100036

开　　本：787×1092　　1/16　　印张：12.25　　字数：268 千字

版　　次：2025 年 9 月第 1 版

印　　次：2025 年 9 月第 1 次印刷

定　　价：59.00 元

凡所购买电子工业出版社图书有缺损问题，请向购买书店调换。若书店售缺，请与本社发行部联系，联系及邮购电话：（010）88254888，88258888。

质量投诉请发邮件至 zlts@phei.com.cn，盗版侵权举报请发邮件至 dbqq@phei.com.cn。

本书咨询联系方式：（010）88254484，xucq@phei.com.cn。

前　言

在当今制造业快速发展的时代，多轴数控加工编程及仿真技术已成为现代工业生产中不可或缺的核心技术之一。在机械制造领域，多轴数控加工编程及仿真技术以高效、精准、复杂零件加工能力的优势，成为高端制造业的关键技术。无论是航空航天领域、汽车制造领域，还是精密模具领域，多轴数控加工编程及仿真技术都发挥着至关重要的作用。为了满足行业对多轴数控加工领域人才的迫切需求，帮助广大读者系统地学习和掌握多轴数控加工编程及仿真技术，著者精心编写了本书。

本书以实用性和针对性为原则，结合实际生产中的典型零件加工实例，详细介绍了多轴数控加工编程与仿真技术实现的全过程。全书共 4 个项目，每个项目均围绕一个具体的零件加工实例展开，涵盖了加工工艺制定、编程前期准备、程序编制、刀路检查及后处理等关键环节。

项目 1 以圆凸台的数控编程与加工为例，深入讲解了多轴数控加工工艺的制定、加工坐标系的创建、刀轴的指定矢量参数的设置，以及刀具的创建。同时，详细介绍了如何使用 UG 进行刀路检查和后处理，以确保加工程序准确可靠。通过学习圆凸台的粗加工和精加工程序的编制，读者可以掌握多轴数控加工的基本思路和编程技巧。

项目 2 以变距滚轮的数控编程与加工为蓝本，重点介绍了多轴数控加工工艺的制定、加工坐标系的创建、刀轴的指定矢量参数的设置、远离直线参数的设置，以及曲面区域驱动方法的设置。通过学习变距滚轮的数控编程与加工实例，读者可以深入了解多轴数控加工的特点，掌握复杂曲面零件加工技术。

项目 3 聚焦亚历山大头像的数控编程与加工，进一步探讨了多轴数控加工工艺的制定、加工坐标系的创建、刀轴的指定矢量参数的设置、垂直于驱动体参数的设置和曲面区域驱动方法的设置，以及刀具的创建。本项目通过亚历山大头像的数控编程与加工实例，展示了多轴数控加工在艺术雕塑领域的应用潜力，同时为读者提供了丰富的编程经验和技巧。

项目 4 以涡轮叶片的数控编程与加工为例，深入剖析了多轴数控加工在高端制造业中的应用。本项目详细介绍了涡轮叶片加工特点、加工工艺流程，以及参数设定，并通过具体的编程实例，展示了如何使用 UG 的涡轮叶片加工模块进行高效编程及仿真模拟。通过对本项目的学习，读者可以掌握复杂涡轮叶片零件的加工技术，为从事航空航天等高端制造业打下坚实基础。

本书在编写过程中，注重理论与实践的紧密结合，通过大量实例操作步骤和详细的参数设置说明，致力于使读者能够快速理解和掌握多轴数控加工编程及仿真技术。同时，本书提供了丰富的插图，用于帮助读者更好地理解和应用所学知识。本书实例的配套资料，请到华信教育资源网（www.hxedu.com.cn）免费注册后下载。

对于有一定数控加工基础的读者，本书可以帮助他们进一步提升多轴数控加工编程及仿真能力；对于初学者来说，本书则是一本系统学习多轴数控加工编程及仿真技术的实用教材。

在本书的编写过程中，著者参考了大量文献资料，并结合了实际生产中的经验教训，力求使内容准确、实用、易懂。但由于时间和水平的限制，书中难免存在一些不足之处，恳请广大读者批评指正，以便著者在今后的修订中不断完善。

最后，感谢所有支持和帮助本书编写工作的同人和朋友。本书为河源职业技术学院"高水平专业群"项目学术著作（教材）。本书所使用软件的单位默认为 mm。

著者　吕辉

2025 年 3 月

目　　录

圆凸台的数控编程与加工

本项目内容如下。

- 1.1 知识点和学习方法；
- 1.2 加工工艺制定；
- 1.3 编程前期准备；
- 1.4 圆凸台程序编制；
- 1.5 使用 UG 进行刀路检查；
- 1.6 后处理；
- 1.7 本项目小结。

1.1 知识点和学习方法

通过学习圆凸台的数控编程与加工实例，读者可以掌握多轴数控加工工艺的制定、加工坐标系的创建、刀轴的指定矢量参数的设置，以及刀具的创建等。

1.2 加工工艺制定

1. 图纸分析

打开图档 CH01，执行【启动】|【制图】命令，进入 2D 工程图界面。零件工程图如

图 1-1 所示。该零件的材料为铝合金，外围表面的粗糙度为 $Ra3.2\mu m$，全部尺寸的公差为 $\pm0.1mm$。

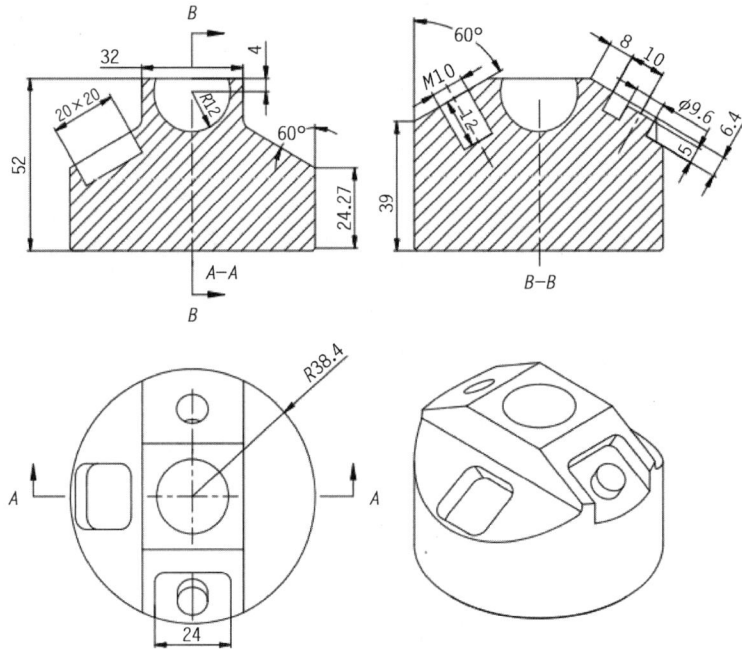

图 1-1　零件工程图

2．加工工艺分析

（1）下料：毛坯采用大小为 $\Phi80mm\times55mm$ 的棒料，材料为铝合金。

（2）五轴数控铣第一工位：采用三爪夹盘反爪的外爪装夹，加工反面所有特征。

（3）五轴数控铣第二工位：采用四爪夹盘正爪的外爪装夹，加工正面所有特征。

零件正面和反面如图 1-2 所示。

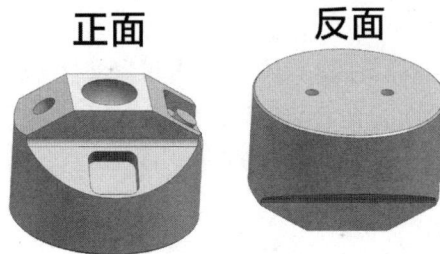

图 1-2　零件正面和反面

1.3　编程前期准备

单击标准工具条中的【应用模块】|【加工】按钮，切换到【加工】工作状态，选择【mill_multi-axis】多轴铣削模板，单击【确定】按钮，进入加工环境。

1.3.1　创建加工坐标系

在几何视图中，创建加工坐标系，加工坐标系为建模绝对坐标系，将安全高度设置为距离顶面 20mm，其余参数设置如图 1-3 所示。

图 1-3　创建加工坐标系

1.3.2　定义毛坯几何体

双击工序导航器中的【WORKPIECE】选项，弹出【工件】对话框，在该对话框中设置【指定部件】为圆凸台、【指定毛坯】为圆柱体毛坯，如图 1-4 所示。

图 1-4　定义毛坯几何体

1.3.3　创建刀具

在机床视图中，单击【插入】工具条中的【创建刀具】按钮，系统弹出【创建刀具】对话框，创建刀具，如图1-5所示。

图1-5　创建刀具

1.3.4　创建程序组

在程序顺序视图中，单击【创建程序组】按钮，创建程序组，如图1-6所示。

名称	换刀	刀轨	刀具	;	时间	余量	进给	速度
NC_PROGRAM					00:29:12			
未用项					00:00:00			
PROGRAM					00:00:00			
B01					00:12:20			
B02					00:05:20			
B03					00:03:13			
B04					00:02:41			
B05					00:00:28			
B06					00:00:31			
B07					00:03:46			
B08					00:00:53			

图1-6　创建程序组

1.4　圆凸台程序编制

本节要求在 D 盘根目录下建立文件夹 CH1，将图档 CH01 复制到该文件夹中，打开图档 CH01 进行编程，生成合理的刀路，检查并优化刀路。

1.4.1　创建粗加工 B01

（1）在【插入】工具条中单击【创建工序】按钮 ，系统弹出【创建工序】对话框，设置【类型】为【mill_contour】，在【工序子类型】选项组中单击【型腔铣】按钮 ，在【位置】选项组中根据需要进行参数设置，单击【确定】按钮，如图 1-7 所示。

图 1-7　创建工序

（2）系统弹出【型腔铣】对话框，单击【指定检查】按钮 ，系统弹出【检查几何体】对话框，设置【选择对象】为修补面；在【型腔铣】对话框的【工具】选项组中设置【刀具】为【D10】，在【刀轴】选项组中设置【轴】为【+ZM 轴】，单击【确定】按钮，如图 1-8 所示。

（3）在【刀轨设置】选项组中设置【切削模式】为【跟随周边】、【步距】为【刀具平直百分比】、【平面直径百分比】为 75、【最大距离】为 0.5mm，如图 1-9 所示。

（4）单击【切削层】按钮 ，系统弹出【切削层】对话框，设置【范围类型】为【用户定义】、【最大距离】为 0.5mm，按回车键，系统自动选取定义栏，设置【范围深度】为 28，单击【确定】按钮，如图 1-10 所示。

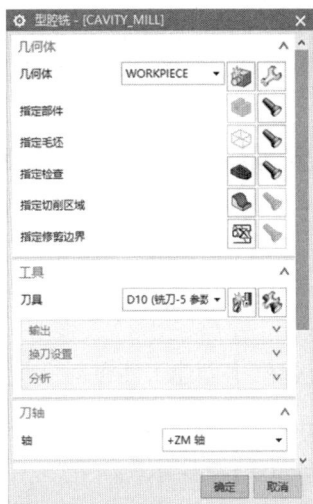

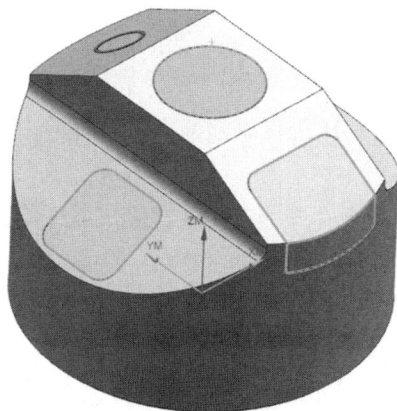

图 1-8　设置几何体、刀具和刀轴

图 1-9　定义刀轨设置参数

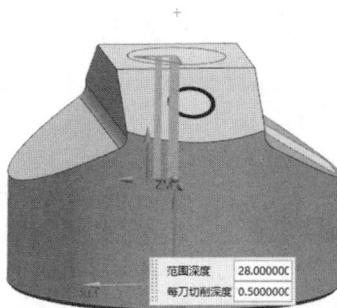

图 1-10　设置切削层参数

（5）单击【切削参数】按钮🔳，系统弹出【切削参数】对话框，在【策略】选项卡中，设置【切削方向】为【顺铣】、【切削顺序】为【深度优先】、【刀路方向】为【向外】；在【余量】选项卡的【余量】选项组中，勾选【使底面余量与侧面余量一致】复选框，设置【部件侧面余量】为 0.15，在【公差】选项组中，设置【内公差】和【外公差】均为 0.01，单击【确定】按钮，如图 1-11 所示。

图 1-11 设置切削参数

（6）单击【进给率和速度】按钮🔧，系统弹出【进给率和速度】对话框，在【主轴速度】选项组中，勾选【主轴速度（rpm）】复选框，并设置【主轴速度（rpm）】为 5000；在【进给率】选项组中，设置【切削】为 3000mmpm；单击【更多】右侧的下拉按钮ˇ，设置【进刀】为【切削百分比的 60】、【第一刀切削】为【切削百分比的 100】、【步进】为【切削百分比的 100】、【退刀】为【切削百分比的 100】，单击【计算】按钮🔳，单击【确定】按钮，如图 1-12 所示。

（7）返回【型腔铣】对话框，单击【生成】按钮📐，系统自动生成粗加工刀路，单击【确定】按钮。生成的粗加工刀路如图 1-13 所示。

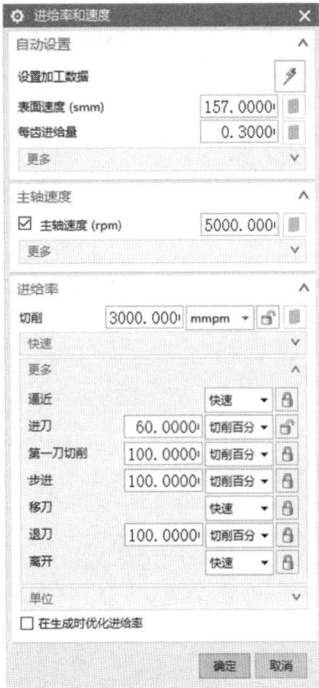

图 1-12　设置进给率和速度参数

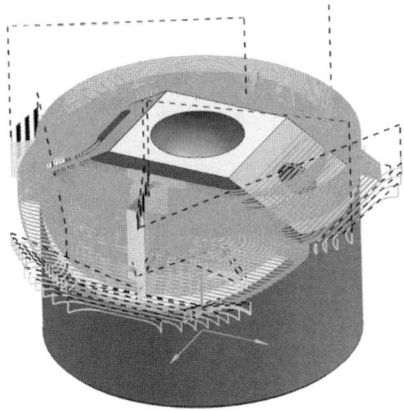

图 1-13　生成的粗加工刀路

1.4.2　创建粗加工 B02

（1）在【插入】工具条中单击【创建工序】按钮 ，系统弹出【创建工序】对话框，设置【类型】为【mill_contour】，在【工序子类型】选项组中单击【型腔铣】按钮 ，在【位置】选项组中根据需要进行参数设置，单击【确定】按钮，如图 1-14 所示。

图 1-14　创建工序 1

（2）系统弹出【型腔铣】对话框，单击【指定切削区域】按钮 。系统弹出【切削区域】对话框，设置【选择对象】为中间的圆槽，如图 1-15 所示。

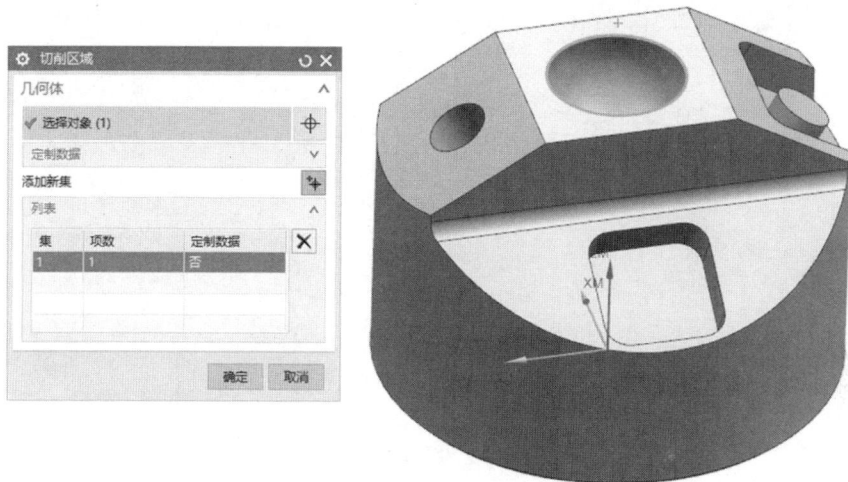

图 1-15　选择切削区域 1

（3）在【刀轨设置】选项组中设置【切削模式】为【跟随周边】、【步距】为【刀具平直百分比】、【平面直径百分比】为 75、【最大距离】为 0.3mm，如图 1-16 所示。

图 1-16　定义刀轨设置参数

（4）单击【切削参数】按钮 ，系统弹出【切削参数】对话框，在【策略】选项卡中，设置【切削方向】为【顺铣】、【切削顺序】为【深度优先】、【刀路方向】为【向内】；在【余量】选项卡的【余量】选项组中，勾选【使底面余量与侧面余量一致】复选框，设置【部件侧面余量】为 0.15，在【公差】选项组中，设置【内公差】和【外公差】均为 0.01，单击【确定】按钮，如图 1-17 所示。

图 1-17　设置切削参数 1

（5）单击【非切削移动】按钮，系统弹出【非切削移动】对话框，在【转移/快速】选项卡的【区域内】选项组中，设置【转移方式】为【进刀/退刀】、【转移类型】为【前一平面】、【安全距离】为 1。

在【进刀】选项卡的【封闭区域】选项组中，设置【进刀类型】为【螺旋】、【直径】为【刀具百分比的 90】、【斜坡角】为 1、【高度】为 0.5mm、【高度起点】为【当前层】、【最小安全距离】为 0、【最小斜面长度】为 0；在【开放区域】选项组中，设置【进刀类型】为【与封闭区域相同】，单击【确定】按钮，如图 1-18 所示。

图 1-18　设置进刀参数 1

（6）单击【进给率和速度】按钮🔧，系统弹出【进给率和速度】对话框，在【主轴速度】选项组中，勾选【主轴速度（rpm）】复选框，并设置【主轴速度（rpm）】为 5000；在【进给率】选项组中，设置【切削】为 2000mmpm；单击【更多】右侧的下拉按钮 ∨，设置【进刀】为【切削百分比的 60】、【第一刀切削】为【切削百分比的 100】、【步进】为【切削百分比的 100】、【退刀】为【切削百分比的 100】，单击【计算】按钮🔳，单击【确定】按钮，如图 1-19 所示。

图 1-19　设置进给率和速度参数 1

（7）返回【型腔铣】对话框，单击【生成】按钮🏃，系统自动生成粗加工刀路，单击【确定】按钮。生成的粗加工刀路如图 1-20 所示。

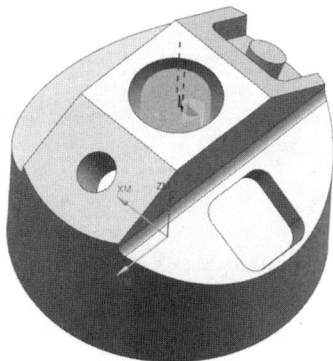

图 1-20　生成的粗加工刀路 1

11

（8）复制上面的型腔铣策略，进入【型腔铣】对话框，单击【指定切削区域】按钮 。系统弹出【切削区域】对话框，设置【选择对象】为圆角矩形槽，如图 1-21 所示。

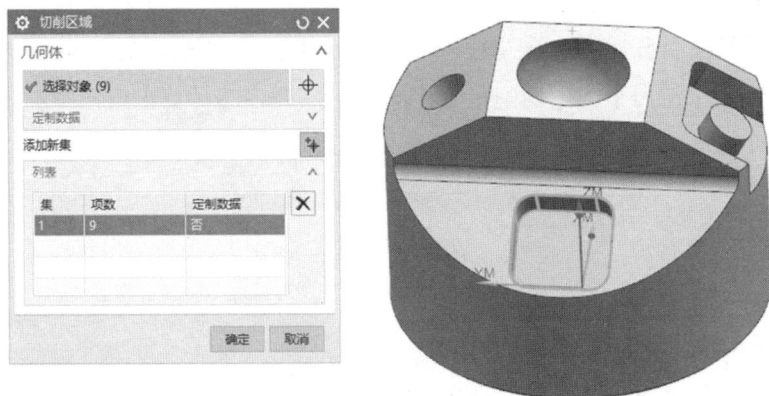

图 1-21　选择切削区域 2

（9）在【刀轴】选项组中，设置【轴】为【指定矢量】，并将圆角矩形槽底面作为指定矢量，单击【确定】按钮，如图 1-22 所示。

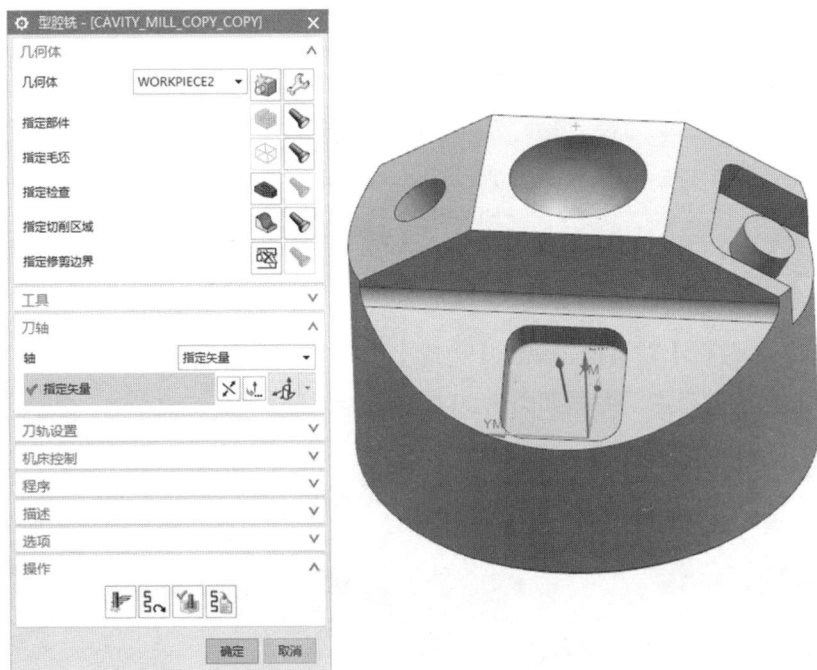

图 1-22　设置刀轴 1

（10）单击【切削层】按钮 ，系统弹出【切削层】对话框，设置【范围类型】为【用户定义】、【最大距离】为 0.3mm，在【范围 1 的顶部】选项组中设置【选择对象】为圆角

矩形槽顶面，在【范围定义】选项组中设置【选择对象】为圆角矩形槽底面，单击【确定】
按钮，如图 1-23 所示。

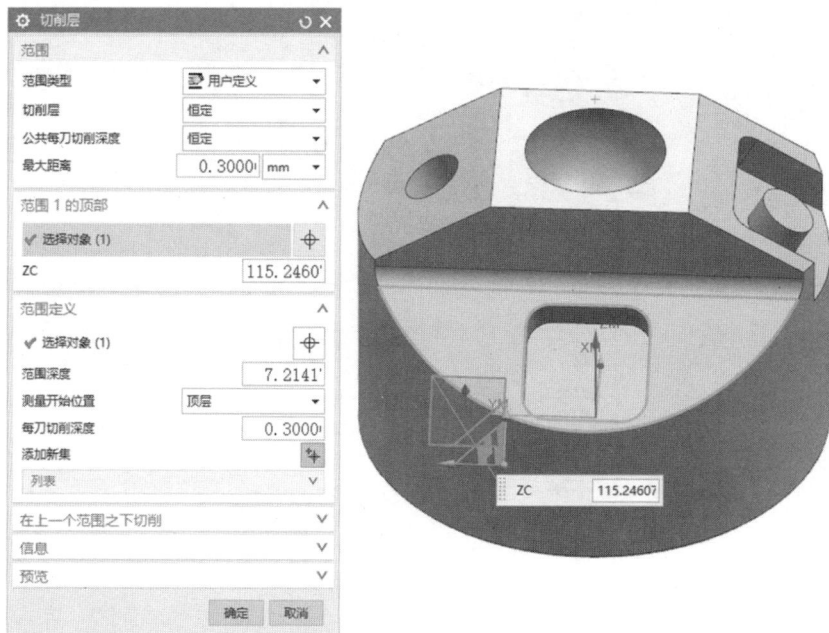

图 1-23 设置切削层参数

（11）返回【型腔铣】对话框，单击【生成】按钮，系统自动生成粗加工刀路，单击
【确定】按钮。生成的粗加工刀路如图 1-24 所示。

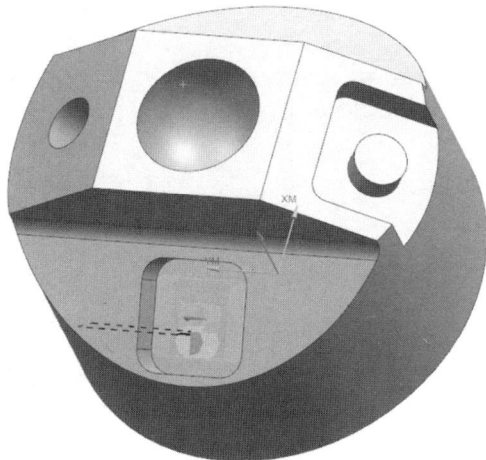

图 1-24　生成的粗加工刀路 2

（12）在【插入】工具条中单击【创建工序】按钮，系统弹出【创建工序】对话框，
设置【类型】为【mill_planar】，在【工序子类型】选项组中单击【平面铣】按钮，在【位

置】选项组中根据需要进行参数设置，单击【确定】按钮，如图 1-25 所示。

图 1-25　创建工序 2

（13）系统弹出【平面铣】对话框，单击【指定部件边界】按钮，系统弹出【边界几何体】对话框，设置【模式】为【曲线】。进入【创建边界】对话框，设置【材料侧】为【外部】，选择螺纹孔的上边界线，如图 1-26 所示。

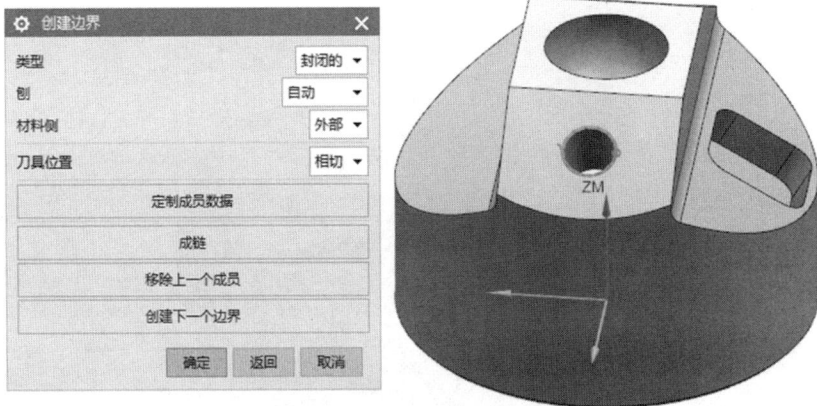

图 1-26　选择切削区域 3

（14）单击【指定底部】按钮，系统弹出【刨】对话框，在【平面参考】选项组中设置【选择平面对象】为螺纹孔底面，如图 1-27 所示。

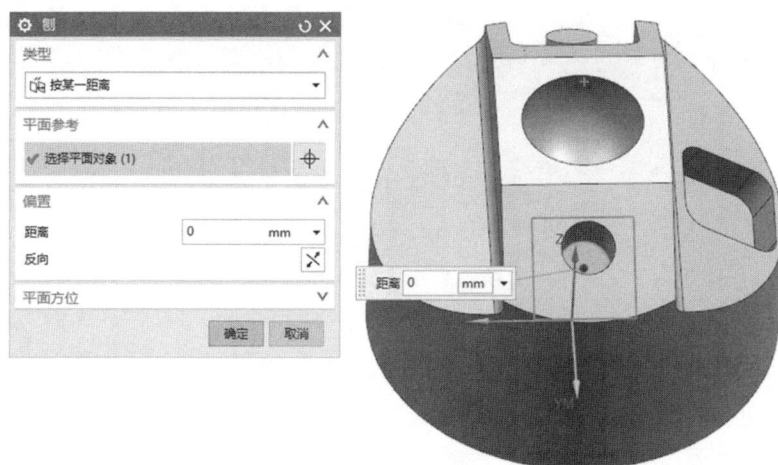

图 1-27 指定底面

（15）在【刀轴】选项组中，设置【轴】为【指定矢量】，并将螺纹孔底面作为指定矢量，单击【确定】按钮，如图 1-28 所示。

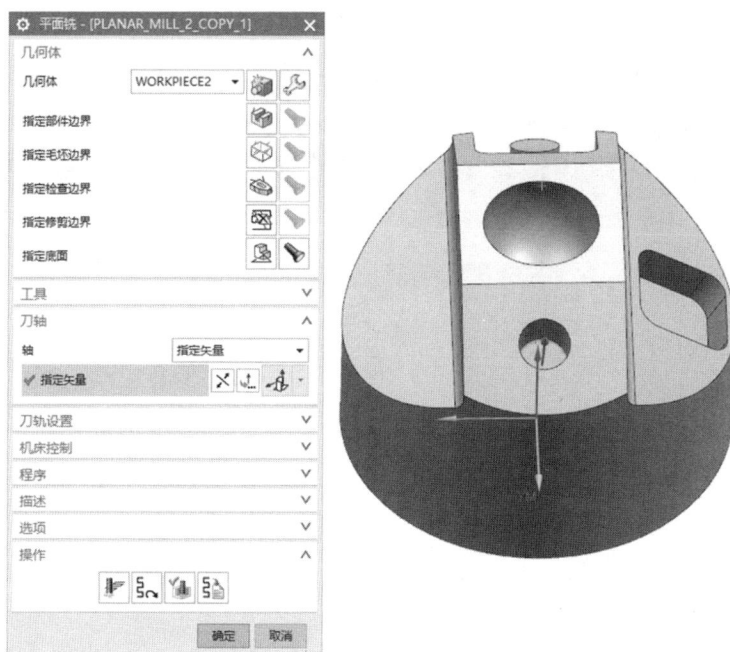

图 1-28 设置刀轴 2

（16）单击【切削参数】按钮 ，系统弹出【切削参数】对话框，在【余量】选项卡的【余量】选项组中，设置【部件余量】为 0.7；在【公差】选项组中，设置【内公差】和【外公差】均为 0.01，单击【确定】按钮，如图 1-29 所示。

图 1-29　设置切削参数 2

（17）单击【非切削移动】按钮，系统弹出【非切削移动】对话框，在【进刀】选项卡的【封闭区域】选项组中，设置【进刀类型】为【沿形状斜进刀】、【斜坡角】为 3、【高度】为 0.5mm、【高度起点】为【前一层】、【最小安全距离】为 0、【最小斜面长度】为 0；在【初始封闭区域】选项组中，设置【进刀类型】为【与封闭区域相同】，单击【确定】按钮，如图 1-30 所示。

图 1-30　设置进刀参数 2

（18）单击【进给率和速度】按钮，系统弹出【进给率和速度】对话框，在【主轴速度】选项组中，勾选【主轴速度（rpm）】复选框，并设置【主轴速度（rpm）】为5000；在【进给率】选项组中，设置【切削】为1000mmpm；单击【更多】右侧的下拉按钮，设置【进刀】为【切削百分比的60】、【第一刀切削】为【切削百分比的100】、【步进】为【切削百分比的100】、【退刀】为【切削百分比的100】，单击【计算】按钮，单击【确定】按钮，如图1-31所示。

（19）返回【平面铣】对话框，单击【生成】按钮，系统自动生成粗加工刀路，单击【确定】按钮。生成的粗加工刀路如图1-32所示。

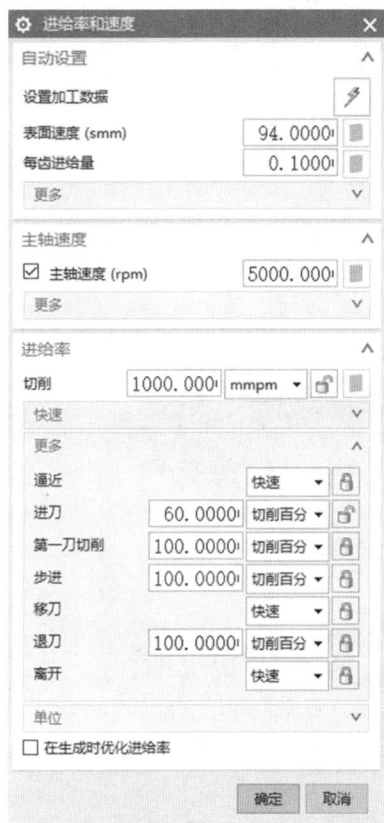

图 1-31   设置进给率和速度参数 2

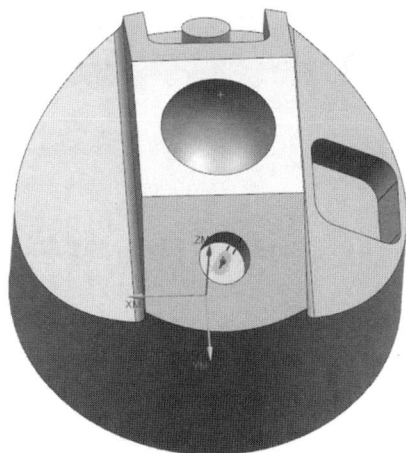

图 1-32   生成的粗加工刀路 3

1.4.3   创建粗加工 B03

（1）在【插入】工具条中单击【创建工序】按钮，系统弹出【创建工序】对话框，设置【类型】为【mill_planar】，在【工序子类型】选项组中单击【底壁加工】按钮，在【位置】选项组中根据需要进行参数设置，单击【确定】按钮，如图1-33所示。

17

图 1-33　创建工序

（2）系统弹出【底壁加工】对话框，单击【指定切削区域底面】按钮 ▣。系统弹出【切削区域】对话框，设置【选择对象】为切削区域底面，如图 1-34 所示。

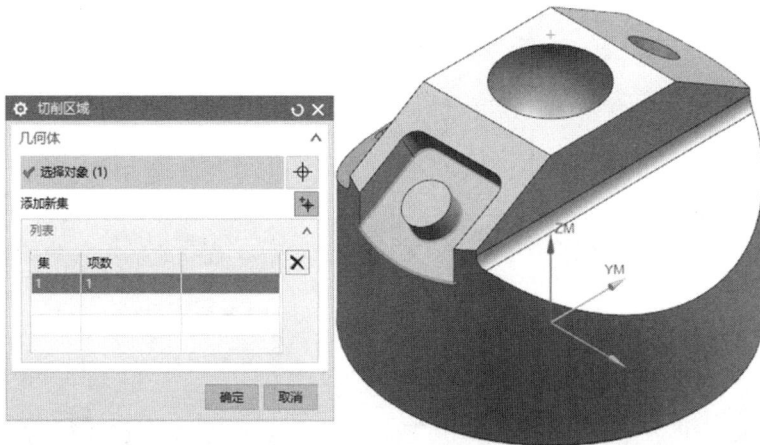

图 1-34　选择切削区域

（3）在【几何体】选项组中，勾选【自动壁】复选框；在【刀轴】选项组中，设置【轴】为【垂直于第一个面】，如图 1-35 所示。

（4）在【刀轨设置】选项组中，设置【切削区域空间范围】为【底面】、【切削模式】为【跟随部件】、【步距】为【刀具平直百分比】、【平面直径百分比】为 75、【底面毛坯厚度】为7、【每刀切削深度】为0.3、【Z 向深度偏置】为 0，如图 1-36 所示。

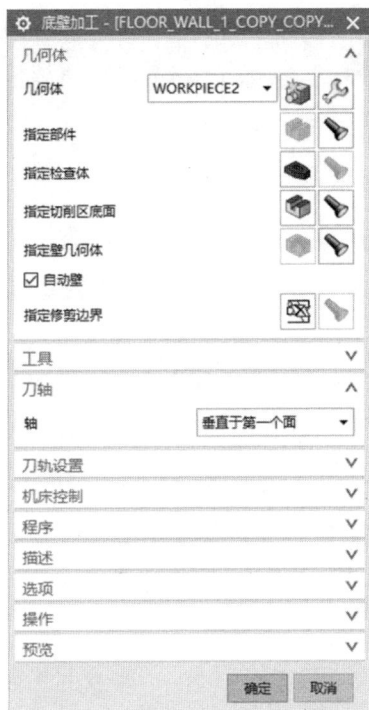

图 1-35　设置几何体和刀轴

图 1-36　定义刀轨设置参数

（5）单击【切削参数】按钮 ⚏，系统弹出【切削参数】对话框，在【余量】选项卡的【余量】选项组中，设置【部件余量】和【壁余量】均为 0.1；在【公差】选项组中，设置【内公差】和【外公差】均为 0.03，单击【确定】按钮，如图 1-37 所示。

图 1-37　设置切削参数

（6）单击【非切削移动】按钮◫，系统弹出【非切削移动】对话框，在【转移/快速】选项卡的【区域之间】选项组中，设置【转移类型】为【前一平面】、【安全距离】为1mm；在【区域内】选项组中，设置【转移方式】为【进刀/退刀】、【转移类型】为【前一平面】、【安全距离】为1mm，单击【确定】按钮，如图1-38所示。

（7）单击【进给率和速度】按钮✦，系统弹出【进给率和速度】对话框，在【主轴速度】选项组中，勾选【主轴速度（rpm）】复选框，并设置【主轴速度（rpm）】为6000；在【进给率】选项组中，设置【切削】为2000mmpm；单击【更多】右侧的下拉按钮✓，设置【进刀】为【切削百分比的60】、【第一刀切削】为【切削百分比的100】、【步进】为【切削百分比的100】、【退刀】为【切削百分比的100】，单击【计算】按钮▦，单击【确定】按钮，如图1-39所示。

图 1-38　设置转移/快速参数

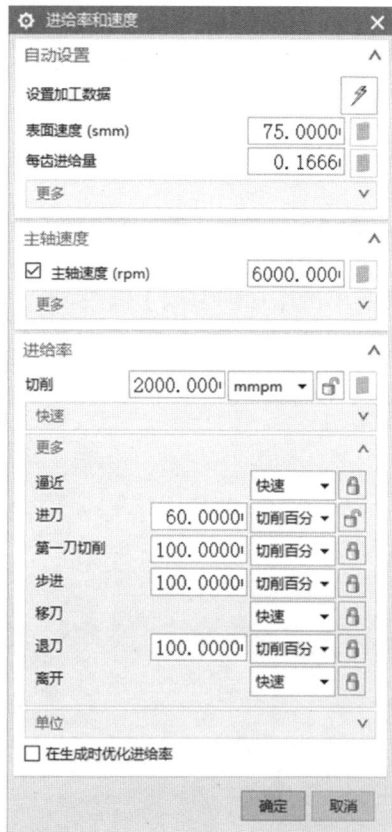

图 1-39　设置进给率和速度参数

（8）返回【底壁加工】对话框，单击【生成】按钮▶，系统自动生成粗加工刀路，单击【确定】按钮。生成的粗加工刀路如图1-40所示。

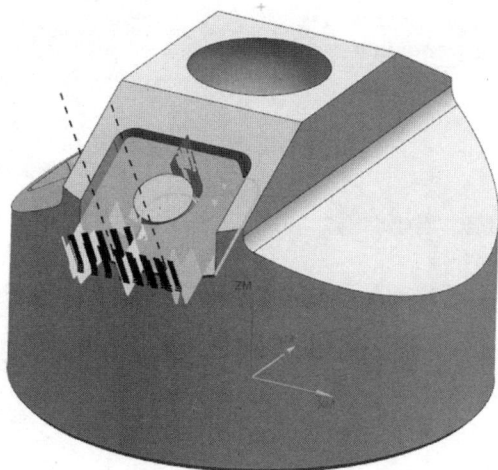

图 1-40   生成的粗加工刀路

1.4.4   创建精加工 B04

（1）在【插入】工具条中单击【创建工序】按钮 ，系统弹出【创建工序】对话框，设置【类型】为【mill_planar】，在【工序子类型】选项组中单击【底壁加工】按钮 ，在【位置】选项组中根据需要进行参数设置，单击【确定】按钮，如图 1-41 所示。

图 1-41   创建工序 1

（2）系统弹出【底壁加工】对话框，单击【指定切削区域底面】按钮 。系统弹出【切削区域】对话框，设置【选择对象】为切削区域底面，如图 1-42 所示。

21

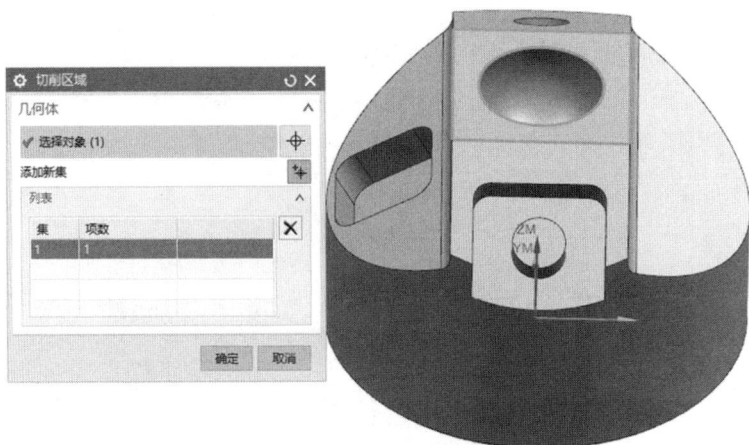

图 1-42 选择切削区域 1

（3）在【几何体】选项组中，勾选【自动壁】复选框；在【刀轴】选项组中，设置【轴】为【垂直于第一个面】，如图 1-43 所示。

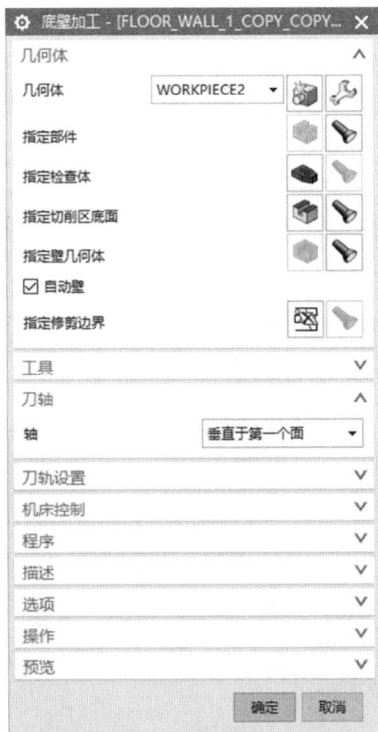

图 1-43 设置几何体和刀轴

（4）在【刀轨设置】选项组中，设置【切削区域空间范围】为【底面】、【切削模式】为【往复】、【步距】为【刀具平直百分比】、【平面直径百分比】为 50、【底面毛坯厚度】为 3、【每刀切削深度】为 0、【Z 向深度偏置】为 0，如图 1-44 所示。

图 1-44　定义刀轨设置参数 1

（5）单击【切削参数】按钮 ▱，系统弹出【切削参数】对话框，在【余量】选项卡的【余量】选项组中，设置【部件余量】和【壁余量】均为 0；在【公差】选项组中，设置【内公差】和【外公差】均为 0.005，单击【确定】按钮，如图 1-45 所示。

图 1-45　设置切削参数 1

（6）单击【进给率和速度】按钮 ✥，系统弹出【进给率和速度】对话框，在【主轴速度】选项组中，勾选【主轴速度（rpm）】复选框，并设置【主轴速度（rpm）】为 6000；在【进给率】选项组中，设置【切削】为 800mmpm，单击【计算】按钮 ▣，单击【确定】按钮，如图 1-46 所示。

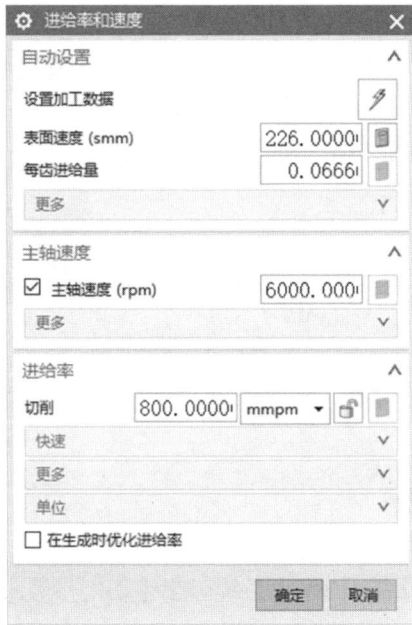

图 1-46 设置进给率和速度参数 1

（7）返回【底壁加工】对话框，单击【生成】按钮，系统自动生成精加工刀路，单击【确定】按钮。生成的精加工刀路如图 1-47 所示。

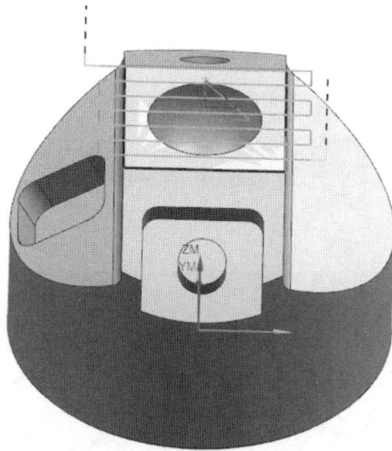

图 1-47 生成的精加工刀路 1

（8）参照步骤（1）～（7）生成 4 条刀路，加工其他面，生成精加工刀路。生成的精加工刀路如图 1-48 所示。

（9）在【插入】工具条中单击【创建工序】按钮，系统弹出【创建工序】对话框，设置【类型】为【mill_planar】，在【工序子类型】选项组中单击【平面铣】按钮，在【位置】选项组中根据需要进行参数设置，单击【确定】按钮，如图 1-49 所示。

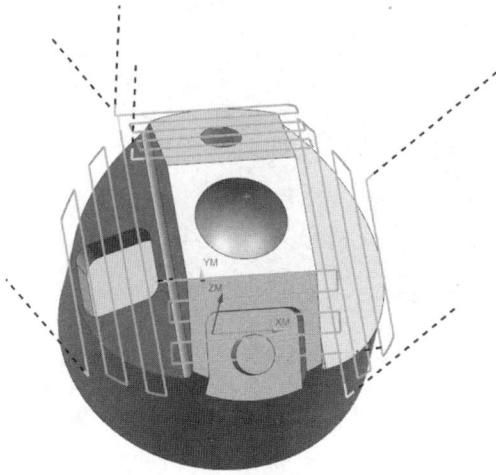

图 1-48　生成的精加工刀路 2

图 1-49　创建工序 2

（10）系统弹出【平面铣】对话框，单击【指定部件边界】按钮 ，系统弹出【边界几何体】对话框，设置【模式】为【曲线】。进入【创建边界】对话框，设置【类型】为【开放的】、【刨】为【自动】、【材料侧】为【右】，先选择一侧曲线，单击【创建下一个边界】按钮，再选择另一侧曲线，如图 1-50 所示。

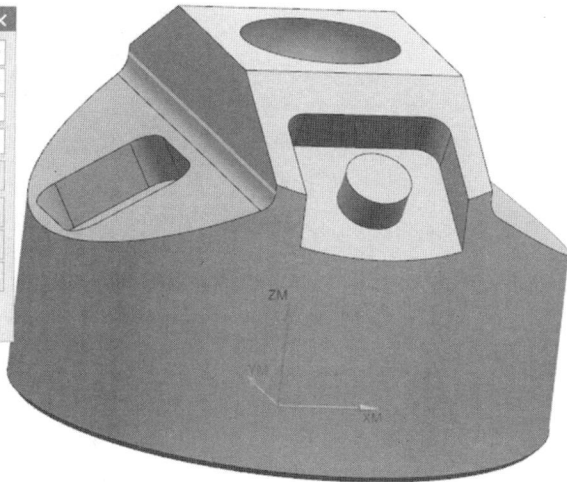

图 1-50　选择切削区域 2

（11）单击【指定底部】按钮 ，系统弹出【刨】对话框，设置【类型】为【两直线】，指定底面，如图 1-51 所示。

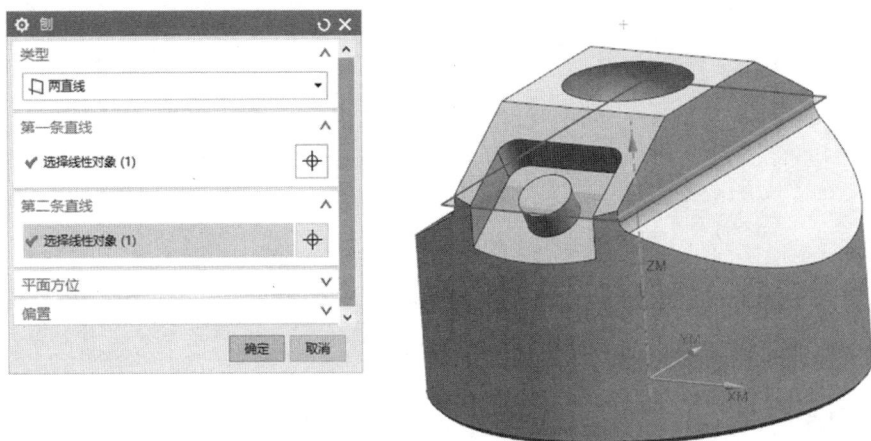

图 1-51　指定底面

（12）在【刀轴】选项组中，设置【轴】为【+ZM 轴】，如图 1-52 所示。

图 1-52　设置刀轴

（13）在【刀轴设置】选项组中，设置【切削模式】为【轮廓】、【步距】为【刀具平直百分比】、【平面直径百分比】为 0、【附加刀路】为 1，如图 1-53 所示。

图 1-53　定义刀轨设置参数 2

（14）单击【切削参数】按钮 ⬛，系统弹出【切削参数】对话框，在【余量】选项卡的【余量】选项组中，设置【部件余量】和【最终底面余量】均为 0；在【公差】选项组中，设置【内公差】和【外公差】均为 0.005，单击【确定】按钮，如图 1-54 所示。

图 1-54　设置切削参数 2

（15）单击【进给率和速度】按钮 ⬛，系统弹出【进给率和速度】对话框，在【主轴速度】选项组中，勾选【主轴速度（rpm）】复选框，并设置【主轴速度（rpm）】为 6000；在【进给率】选项组中，设置【切削】为 800mmpm，单击【计算】按钮 ⬛，单击【确定】按钮，如图 1-55 所示。

图 1-55　设置进给率和速度参数 2

（16）返回【平面铣】对话框，单击【生成】按钮 ，系统自动生成精加工刀路，单击【确定】按钮。生成的精加工刀路如图 1-56 所示。

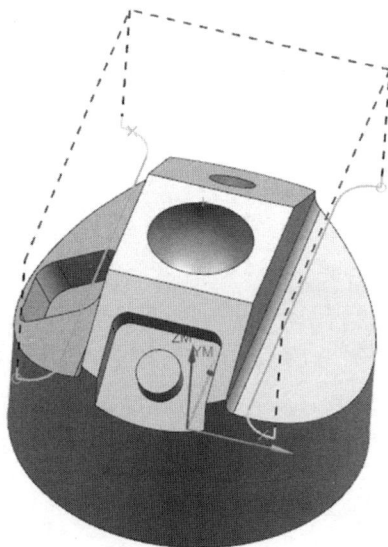

图 1-56　生成的精加工刀路 3

1.4.5　创建精加工 B05

（1）在【插入】工具条中单击【创建工序】按钮 ，系统弹出【创建工序】对话框，设置【类型】为【mill_planar】，在【工序子类型】选项组中单击【底壁加工】按钮 ，在【位置】选项组中根据需要进行参数设置，单击【确定】按钮，如图 1-57 所示。

图 1-57　创建工序

（2）系统弹出【底壁加工】对话框，单击【指定切削区域底面】按钮 。系统弹出【切削区域】对话框，设置【选择对象】为圆角矩形槽底面，如图 1-58 所示。

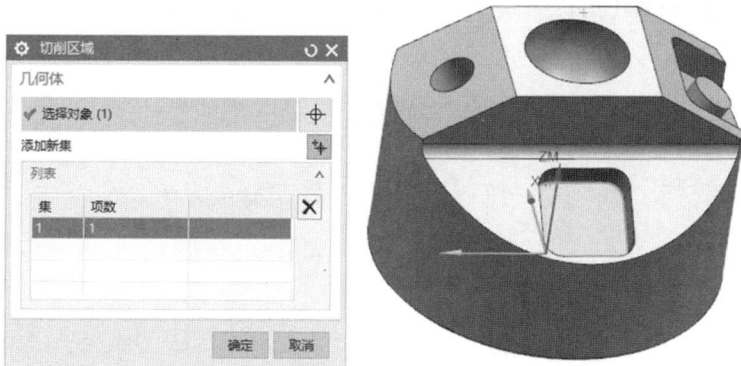

图 1-58　选择切削区域

（3）在【几何体】选项组中，勾选【自动壁】复选框；在【刀轴】选项组中，设置【轴】为【垂直于第一个面】，如图 1-59 所示。

（4）在【刀轨设置】选项组中，设置【切削区域空间范围】为【底面】、【切削模式】为【跟随部件】、【步距】为【刀具平直百分比】、【平面直径百分比】为 50、【底面毛坯厚度】为 3、【每刀切削深度】为 0、【Z 向深度偏置】为 0，如图 1-60 所示。

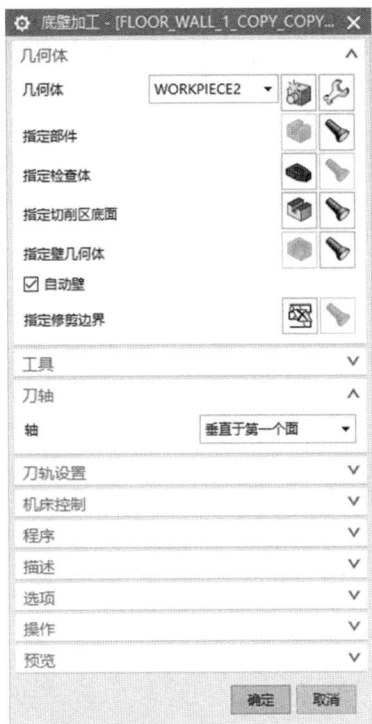

图 1-59　设置几何体和刀轴

图 1-60　定义刀轨设置参数

（5）单击【切削参数】按钮 ，系统弹出【切削参数】对话框，在【余量】选项卡的【余量】选项组中，设置【部件余量】和【壁余量】均为 0；在【公差】选项组中，设置【内公差】和【外公差】均为 0.005，单击【确定】按钮，如图 1-61 所示。

图 1-61　设置切削参数

（6）单击【非切削移动】按钮 ，系统弹出【非切削移动】对话框，在【进刀】选项卡的【封闭区域】选项组中，设置【进刀类型】为【沿形状斜进刀】、【斜坡角】为 3、【高度】为 0.5mm、【高度起点】为【当前层】、【最小安全距离】为 0、【最小斜面长度】为 0；在【开放区域】选项组中采用默认设置，单击【确定】按钮，如图 1-62 所示。

（7）单击【进给率和速度】按钮 ，系统弹出【进给率和速度】对话框，在【主轴速度】选项组中，勾选【主轴速度（rpm）】复选框，并设置【主轴速度（rpm）】为 6500；在【进给率】选项组中，设置【切削】为 800mmpm，单击【计算】按钮 ，单击【确定】按钮，如图 1-63 所示。

图 1-62　设置进刀参数

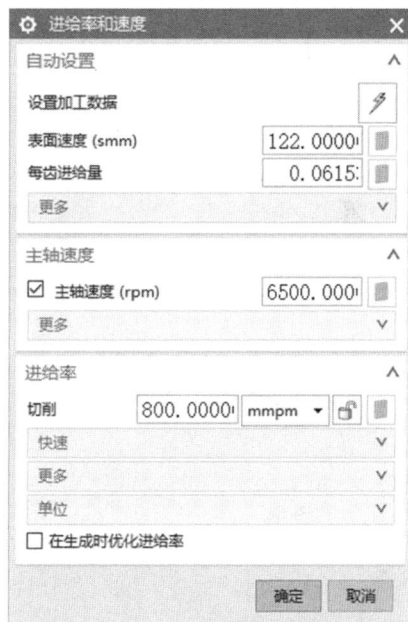

图 1-63　设置进给率和速度参数

（8）返回【底壁加工】对话框，单击【生成】按钮 ，系统自动生成精加工刀路，单击【确定】按钮。生成的精加工刀路如图 1-64 所示。

（9）参照步骤（1）～（8）生成 1 条刀路，加工其他面，生成精加工刀路。生成的精加工刀路如图 1-65 所示。

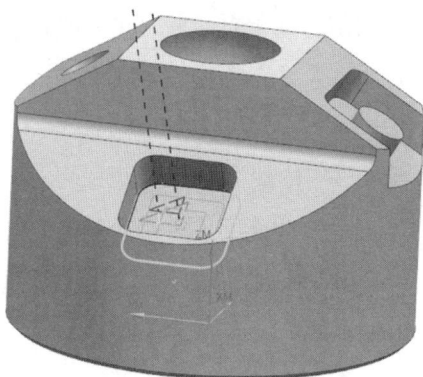

图 1-64　生成的精加工刀路 1

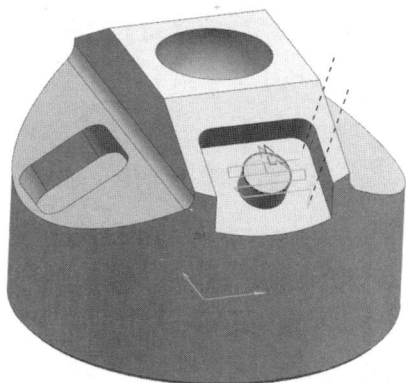

图 1-65　生成的精加工刀路 2

1.4.6　创建精加工 B06

（1）在【插入】工具条中单击【创建工序】按钮 ，系统弹出【创建工序】对话框，设置【类型】为【mill_planar】，在【工序子类型】选项组中单击【底壁加工】按钮 ，在【位置】选项组中根据需要进行参数设置，单击【确定】按钮，如图 1-66 所示。

图 1-66　创建工序

（2）系统弹出【底壁加工】对话框，单击【指定切削区域底面】按钮 。系统弹出【切削区域】对话框，设置【选择对象】为圆角矩形槽底面，如图 1-67 所示。

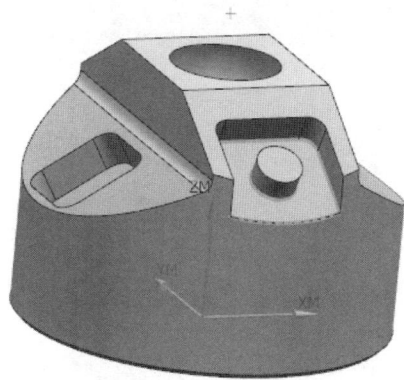

图 1-67　选择切削区域

（3）在【几何体】选项组中，勾选【自动壁】复选框；在【刀轴】选项组中，设置【轴】为【垂直于第一个面】，如图 1-68 所示。

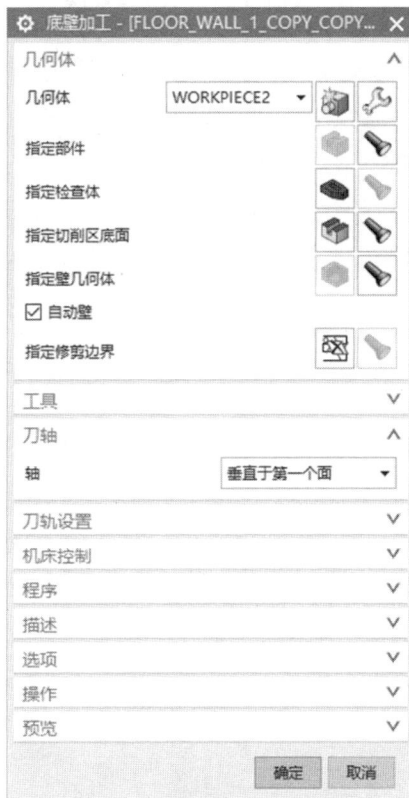

图 1-68　设置几何体和刀轴

（4）在【刀轨设置】选项组中，设置【切削区域空间范围】为【底面】、【切削模式】为【跟随部件】、【步距】为【刀具平直百分比】、【平面直径百分比】为 50、【底面毛坯厚

33

度】为 3、【每刀切削深度】为 0、【Z 向深度偏置】为 0，如图 1-69 所示。

图 1-69　定义刀轨设置参数

（5）单击【切削参数】按钮，系统弹出【切削参数】对话框，在【余量】选项卡的【余量】选项组中，设置【部件余量】和【壁余量】均为 0，在【公差】选项组中，设置【内公差】和【外公差】均为 0.005；在【连接】选项卡的【开放刀路】选项组中，设置【开放刀路】为【变换切削方向】，单击【确定】按钮，如图 1-70 所示。

图 1-70　设置切削参数

（6）单击【非切削移动】按钮，系统弹出【非切削移动】对话框，在【进刀】选项卡的【封闭区域】选项组中，设置【进刀类型】为【沿形状斜进刀】、【斜坡角】为 3、【高度】为 0.5mm、【高度起点】为【当前层】、【最小安全距离】为 0、【最小斜面长度】为 0；在【开放区域】选项组中采用默认设置，单击【确定】按钮，如图 1-71 所示。

（7）单击【进给率和速度】按钮，系统弹出【进给率和速度】对话框，在【主轴速度】选项组中，勾选【主轴速度（rpm）】复选框，并设置【主轴速度（rpm）】为 7000；在【进给率】选项组中，设置【切削】为 800mmpm，单击【计算】按钮，单击【确定】按钮，如图 1-72 所示。

图 1-71　设置进刀参数

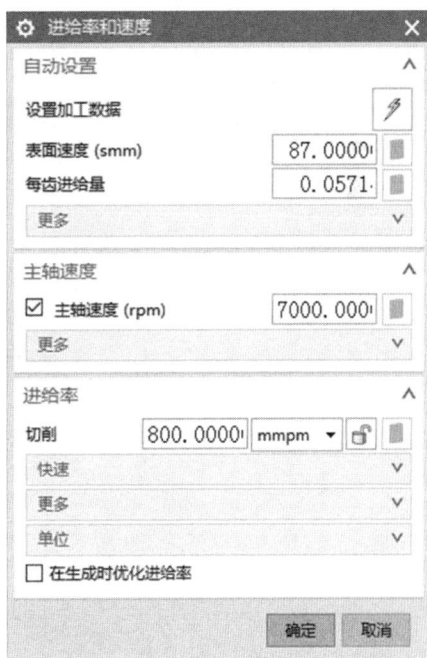

图 1-72　设置进给率和速度参数

（8）返回【底壁加工】对话框，单击【生成】按钮，系统自动生成精加工刀路，单击【确定】按钮。生成的精加工刀路如图 1-73 所示。

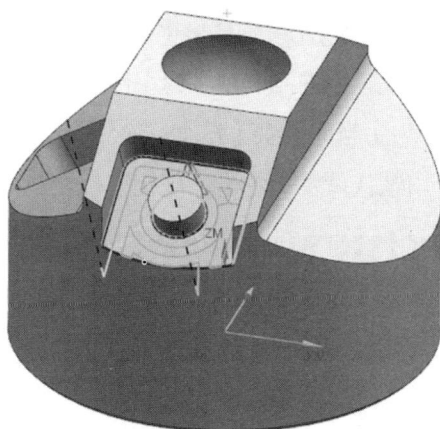

图 1-73　生成的精加工刀路

1.4.7　创建精加工 B07

（1）在【插入】工具条中单击【创建工序】按钮 🛠，系统弹出【创建工序】对话框，设置【类型】为【mill_planar】，在【工序子类型】选项组中单击【平面铣】按钮 🗗，在【位置】选项组中根据需要进行参数设置，单击【确定】按钮，如图 1-74 所示。

图 1-74　创建工序 1

（2）系统弹出【平面铣】对话框，单击【指定部件边界】按钮 🗐，系统弹出【边界几何体】对话框，设置【模式】为【曲线】。先选择斜面，在【创建边界】对话框中设置【类型】为【开放的】、【刨】为【用户定义】、【材料侧】为【右】、【刀具位置】为【相切】，单击【确定】按钮，再选择曲线，如图 1-75 所示。

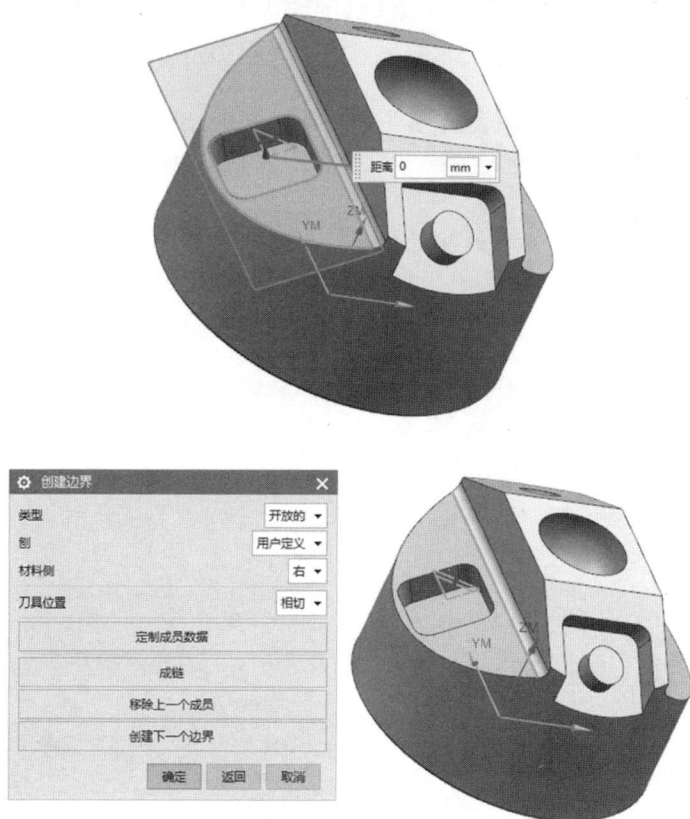

图 1-75　选择切削区域

（3）单击【指定底部】按钮⬚，系统弹出【刨】对话框，在【平面参考】选项组中设置【选择平面对象】为斜面，如图 1-76 所示。

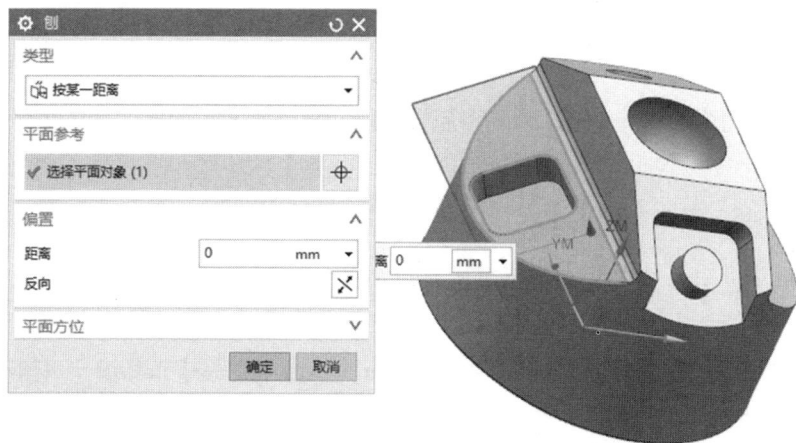

图 1-76　指定底面

（4）在【刀轴】选项组中，设置【轴】为【垂直于底面】，如图1-77所示。

（5）在【刀轨设置】选项组中，设置【切削模式】为【轮廓】、【步距】为【刀具平直百分比】、【平面直径百分比】为50、【附加刀路】为0，如图1-78所示。

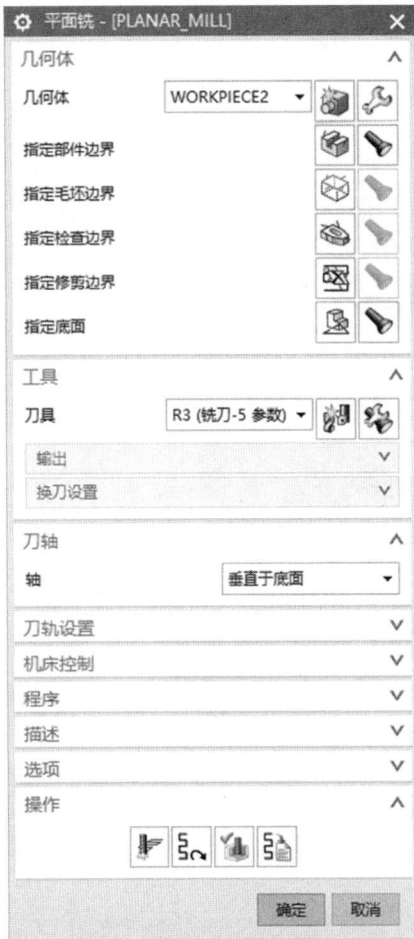

图1-77　设置刀轴

图1-78　定义刀轨设置参数

（6）单击【切削参数】按钮，系统弹出【切削参数】对话框，在【余量】选项卡的【余量】选项组中，设置【部件余量】为-3；在【公差】选项组中，设置【内公差】和【外公差】均为0.005，单击【确定】按钮，如图1-79所示。

（7）单击【进给率和速度】按钮，系统弹出【进给率和速度】对话框，在【主轴速度】选项组中，勾选【主轴速度（rpm）】复选框，并设置【主轴速度（rpm）】为7000；在【进给率】选项组中，设置【切削】为400mmpm，单击【计算】按钮，单击【确定】按钮，如图1-80所示。

图 1-79　设置切削参数 1

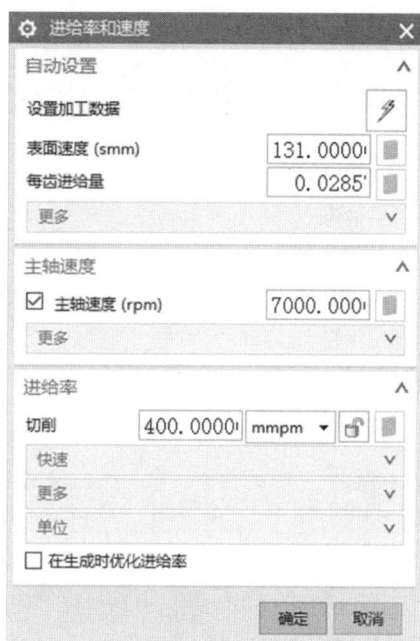

图 1-80　设置进给率和速度参数 1

（8）返回【平面铣】对话框，单击【生成】按钮 ，系统自动生成精加工刀路，单击【确定】按钮。生成的精加工刀路如图 1-81 所示。

（9）参照步骤（1）～（8）生成 1 条刀路，加工另一侧圆角，生成精加工刀路。生成的精加工刀路如图 1-82 所示。

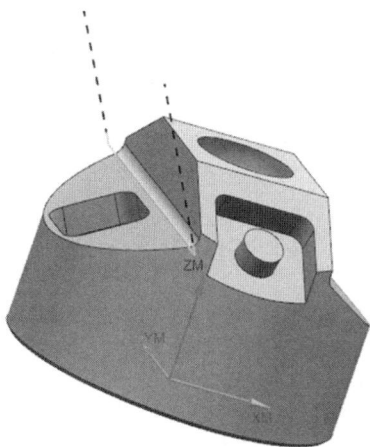

图 1-81　生成的精加工刀路 1

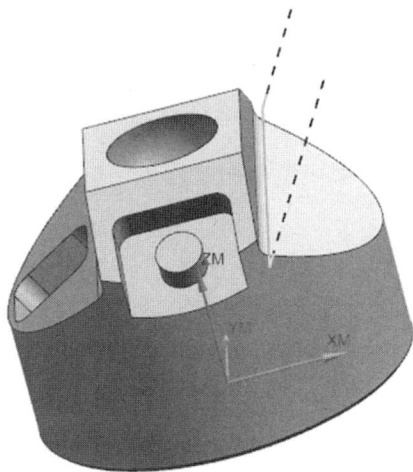

图 1-82　生成的精加工刀路 2

（10）在【曲线】工具条中单击【点】按钮，系统弹出【点】对话框，设置【类型】为【光标位置】，在【点位置】选项组中设置【指定光标位置】为圆弧中心，在【坐标】选项

组中对 Z 值进行修改，将 Z 值在原有的数值上+10mm，如图 1-83 所示。

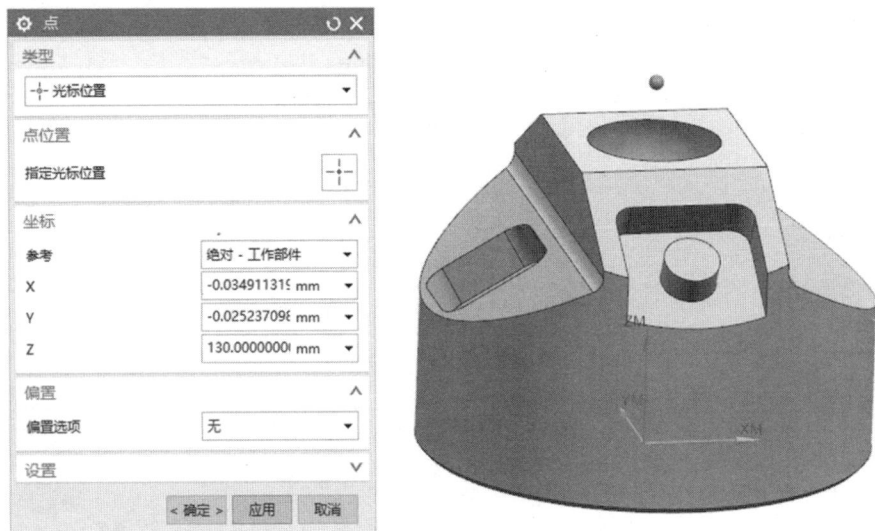

图 1-83　点的生成

（11）在【插入】工具条中单击【创建工序】按钮，系统弹出【创建工序】对话框，设置【类型】为【mill_multi-axis】，在【工序子类型】选项组中单击【可变轮廓铣】按钮，在【位置】选项组中根据需要进行参数设置，单击【确定】按钮，如图 1-84 所示。

图 1-84　创建工序 2

（12）系统弹出【可变轮廓铣】对话框，在【投影矢量】选项组中，设置【矢量】为【刀轴】；在【刀轴】选项组中，设置【轴】为【朝向点】，并将步骤（10）生成的点作为指定点，如图 1-85 所示。

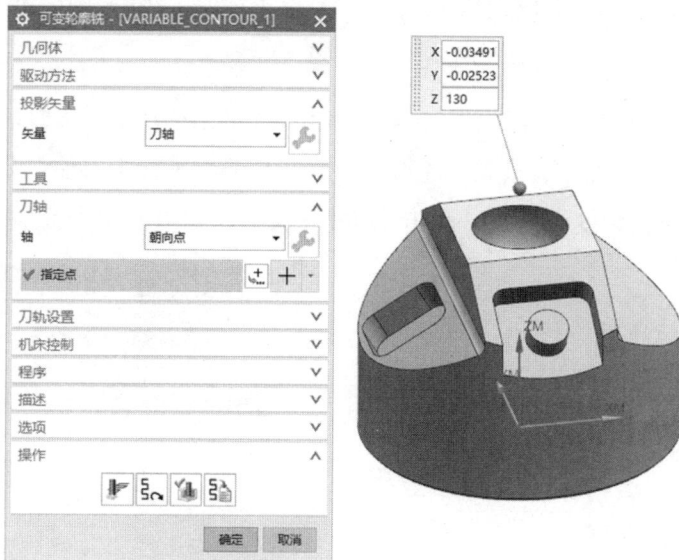

图 1-85　设置投影矢量和刀轴

（13）在【驱动方法】选项组中，设置【方法】为【曲面】。单击【驱动方法】选项组中的【方法】选项右侧的 按钮，系统弹出【曲面区域驱动方法】对话框，在【驱动几何体】选项组中，设置【指定驱动几何体】为零件中间的圆槽、【材料反向】为朝外；在【驱动设置】选项组中，设置【切削模式】为【螺旋】、【步距数】为【100】，如图 1-86 所示。

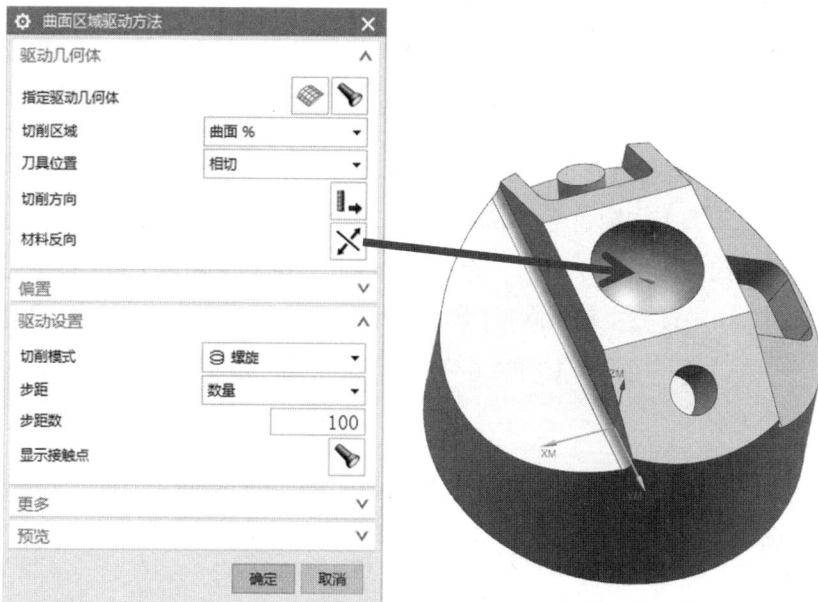

图 1-86　设置曲面区域驱动方法

（14）单击【切削参数】按钮 📇，系统弹出【切削参数】对话框，在【余量】选项卡的【余量】选项组中，设置【部件余量】为 0；在【公差】选项组中，设置【内公差】和【外公差】均为 0.005，单击【确定】按钮，如图 1-87 所示。

（15）单击【非切削移动】按钮 📇，系统弹出【非切削移动】对话框，在【进刀】选项卡的【开放区域】选项组中，设置【进刀类型】为【圆弧-平行于刀轴】、【半径】为【刀具百分比的 20】、【圆弧角度】为 90，单击【确定】按钮，如图 1-88 所示。

图 1-87　设置切削参数 2

图 1-88　设置进刀参数

（16）单击【进给率和速度】按钮 🔩，系统弹出【进给率和速度】对话框，在【主轴速度】选项组中，勾选【主轴速度（rpm）】复选框，并设置【主轴速度（rpm）】为 7000；在【进给率】选项组中，设置【切削】为 1500mmpm；单击【更多】右侧的下拉按钮 ∨，设置【进刀】为【切削百分比的 100】、【第一刀切削】为【切削百分比的 100】、【步进】为【切削百分比的 100】、【退刀】为【切削百分比的 100】，单击【计算】按钮 📑，单击【确定】按钮，如图 1-89 所示。

（17）返回【可变轮廓铣】对话框，单击【生成】按钮 ，系统自动生成精加工刀路，单击【确定】按钮。生成的精加工刀路如图 1-90 所示。

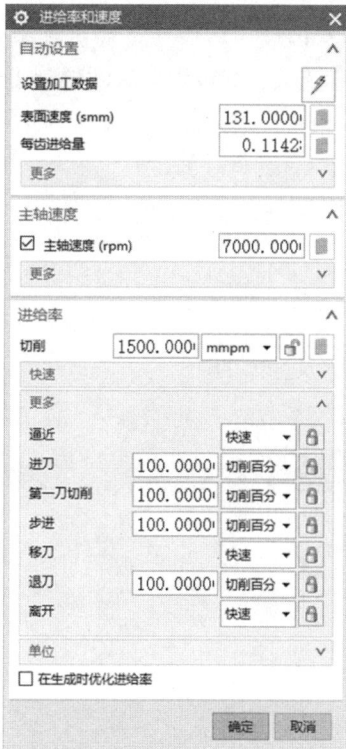

图 1-89　设置进给率和速度参数 2

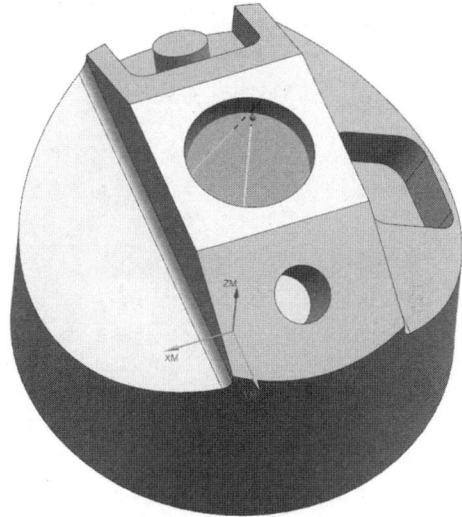

图 1-90　生成的精加工刀路 3

1.4.8　创建螺纹铣 B08

（1）在【插入】工具条中单击【创建工序】按钮 ，系统弹出【创建工序】对话框，设置【类型】为【hole_making】，在【工序子类型】选项组中单击【螺纹铣】按钮 ，在【位置】选项组中根据需要进行参数设置，单击【确定】按钮，如图 1-91 所示。

图 1-91　创建工序

（2）系统弹出【螺纹铣】对话框，单击【指定特征几何体】按钮。系统弹出【特征几何体】对话框，在【特征】选项组中设置【选择对象】选项，并设置【深度限制】为【盲孔】；在【螺纹尺寸】选项组中，设置【长度】为12，如图1-92所示。

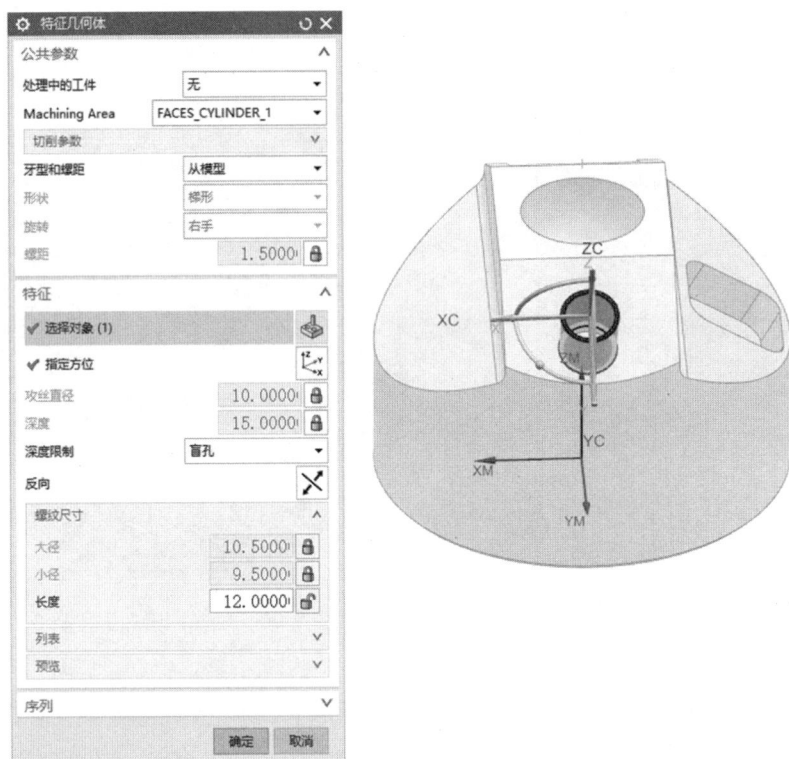

图1-92　选择切削区域

（3）在【刀轨设置】选项组中，设置【轴向步距】为【刀刃长度百分比】、【百分比】为100、【径向步距】为【恒定】、【最大距离】为0.2、【螺旋刀路】为1，如图1-93所示。

图1-93　定义刀轨设置参数

（4）单击【切削参数】按钮，系统弹出【切削参数】对话框，在【余量】选项卡的【余量】选项组中，设置【部件侧面余量】为 0；在【公差】选项组中，设置【内公差】和【外公差】均为 0.005，单击【确定】按钮，如图 1-94 所示。

（5）单击【进给率和速度】按钮，系统弹出【进给率和速度】对话框，在【主轴速度】选项组中，勾选【主轴速度（rpm）】复选框，并设置【主轴速度（rpm）】为 5000；在【进给率】选项组中，设置【切削】为 300mmpm，单击【计算】按钮，单击【确定】按钮，如图 1-95 所示。

图 1-94　设置切削参数

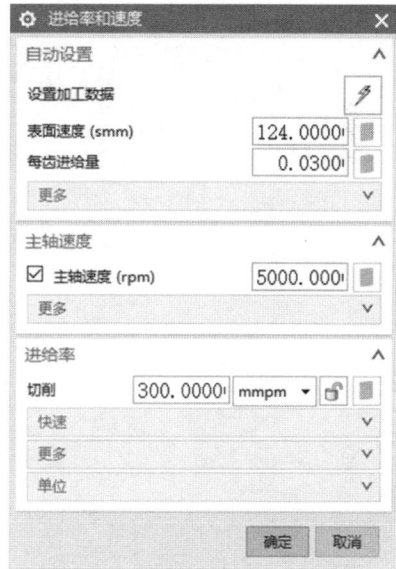

图 1-95　设置进给率和速度参数

（6）返回【螺纹铣】对话框，单击【生成】按钮，系统自动生成螺纹铣刀路，单击【确定】按钮。生成的螺纹铣刀路如图 1-96 所示。

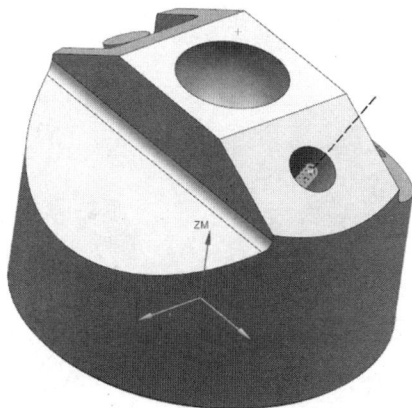

图 1-96　生成的螺纹铣刀路

1.5 使用 UG 进行刀路检查

对于多个工位的刀路检查，建议采用 3D 动态方式，以便观察加工结果图的旋转与平移效果。

在导航器中展开各刀路操作，先选择第 1 个刀路操作，然后按住 Shift 键的同时选择最后 1 个刀路操作。在主页的工具条中单击 🖌 按钮，系统弹出如图 1-97 所示的【刀轨可视化】对话框，打开【3D 动态】选项卡，单击【播放】按钮 ▶。

图 1-97 【刀轨可视化】对话框

刀路模拟过程如图 1-98 所示。

图 1-98 刀路模拟过程

1.6　后处理

本项目实例将在 XYZBC 双转台型机床上操作，加工坐标系的原点位于 *B* 轴和 *C* 轴旋转轴相交处。

在程序顺序视图 中，选择【A01】程序组，在主页的工具条中单击 按钮，系统弹出【后处理】对话框，选择【工业机铣钠克系统 BC】后处理器，单击【应用】按钮，弹出相应的信息框，如图 1-99 所示。

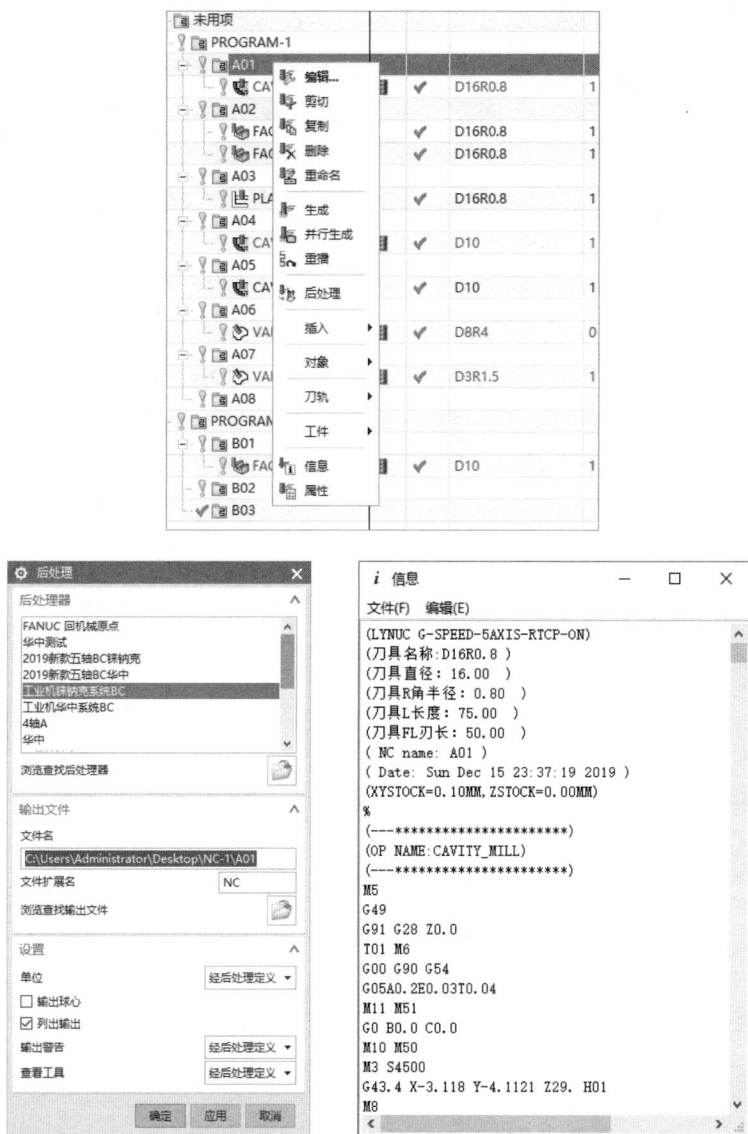

图 1-99　后处理

同理，对其他程序组进行后处理。后处理完成后，在主页的工具条中单击【保存】按钮⬚，将图档存盘。

1.7　本项目小结

本项目主要讲解了圆凸台的数控编程与加工实例。

本项目的重点与难点：

（1）刀轴的指定矢量参数的设置；

（2）螺纹铣参数的设置；

（3）切削参数的设置。

项目 2

变距滚轮的数控编程与加工

本项目内容如下。

- 2.1 知识点和学习方法；

- 2.2 加工工艺制定；

- 2.3 编程前期准备；

- 2.4 变距滚轮程序编制；

- 2.5 使用 UG 进行刀路检查；

- 2.6 后处理；

- 2.7 使用机床进行加工；

- 2.8 本项目小结。

2.1 知识点和学习方法

通过学习变距滚轮的数控编程与加工实例，读者可以掌握多轴数控加工工艺的制定、加工坐标系的创建、刀轴的指定矢量参数的设置、远离直线参数的设置，以及曲面区域驱动方法的设置等。

2.2　加工工艺制定

1．图纸分析

打开图档 BIGL，执行【启动】|【制图】命令，进入 2D 工程图界面。零件工程图如图 2-1 所示。该零件的材料为铝合金，外围表面的粗糙度为 $Ra6.3\mu m$，全部尺寸的公差为 $\pm0.05mm$。

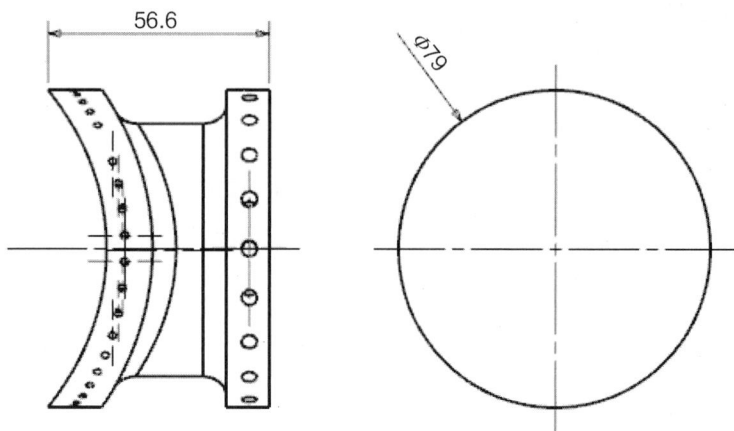

图 2-1　零件工程图

2．加工工艺分析

下料：毛坯采用大小为 $\Phi80mm\times57mm$ 的棒料，材料为铝合金。

装夹：在毛坯上钻 3 个 M6 螺纹孔，使用工装夹具，采取螺钉吊装的方式锁紧毛坯。

四轴数控铣：首先采用三爪卡盘夹持工装；其次开粗、二次开粗，整体半精加工、精加工；最后钻孔，倒角去毛刺。

2.3　编程前期准备

单击标准工具条中的【应用模块】|【加工】按钮，切换到【加工】工作状态，选择【mill_multi-axis】多轴铣削模板，单击【确定】按钮，进入加工环境。

2.3.1　创建加工坐标系

在几何视图中，创建加工坐标系，设置【安全设置选项】为【圆柱】，加工坐标系为建模绝对坐标系，将圆柱原点设置为坐标系的原点，并设置矢量朝向为 X 轴，其余参数设置如图 2-2 所示。

图 2-2　创建加工坐标系

2.3.2　定义毛坯几何体

双击工序导航器中的【WORKPIECE】选项，弹出【工件】对话框，在该对话框中设置【指定部件】为变距滚轮、【指定毛坯】为圆柱体毛坯、【指定检查】为检查体，如图 2-3 所示。

图 2-3　定义毛坯几何体

2.3.3　创建刀具

在机床视图中，单击【插入】工具条中的【创建刀具】按钮，系统弹出【创建刀具】对话框，创建刀具，如图 2-4 所示。

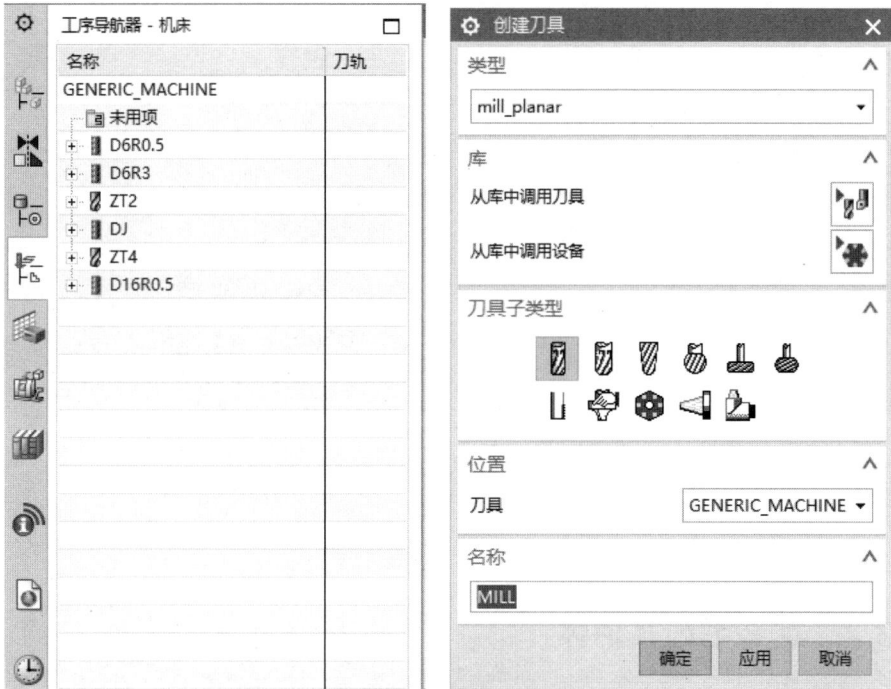

图 2-4　创建刀具

2.3.4　创建程序组

在程序顺序视图中，单击【创建程序组】按钮，创建程序组，如图 2-5 所示。

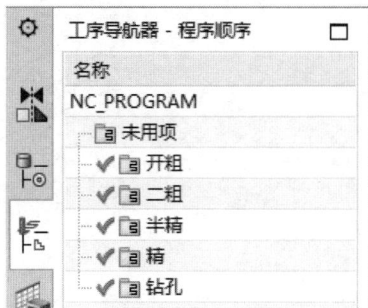

图 2-5　创建程序组

2.4　变距滚轮程序编制

本节要求在 D 盘根目录下建立文件夹 CH2，将图档 BJGL 复制到该文件夹中，打开图档 BJGL 进行编程，生成合理的刀路，检查并优化刀路。

2.4.1　创建粗 1 程序

（1）单击标准工具条中的【应用模块】|【建模】按钮，切换到【建模】工作状态，在【建模】工具条中单击【拉伸】按钮，系统弹出【拉伸】对话框，拉伸工件最大外圆，参数设置如图 2-6 所示。

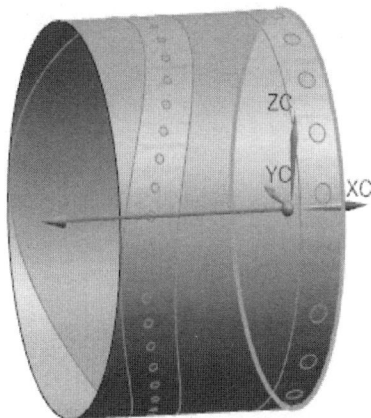

图 2-6　拉伸片体

（2）单击标准工具条中的【应用模块】|【加工】按钮，切换到【加工】工作状态。在【插入】工具条中单击【创建工序】按钮 ，系统弹出【创建工序】对话框，设置【类型】为【mill_multi-axis】，在【工序子类型】选项组中单击【可变轮廓铣】按钮 ，在【位置】选项组中根据需要进行参数设置，单击【确定】按钮，如图 2-7 所示。

图 2-7　创建工序

（3）系统弹出【可变轮廓铣】对话框，单击【指定切削区域】按钮 ，系统弹出【切削区域】对话框，设置【选择对象】为图 2-6 中拉伸的片体，如图 2-8 所示。

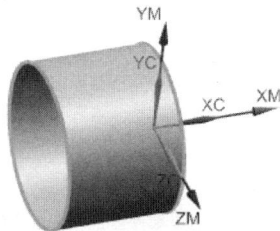

图 2-8　指定切削区域

在【可变轮廓铣】对话框的【工具】选项组中，设置【刀具】为【D16R0.5】；在【刀轴】选项组中，设置【轴】为【远离直线】；在【驱动方法】选项组中，设置【方法】为【曲面】，如图 2-9 所示。

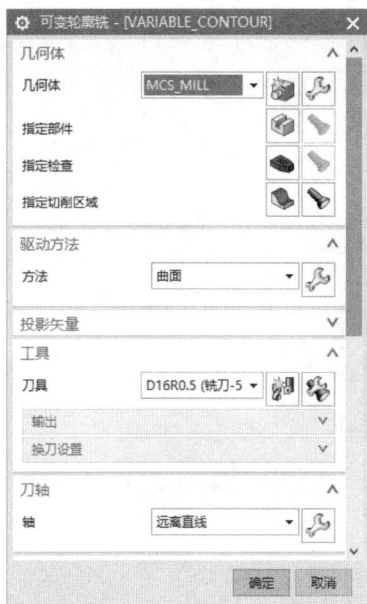

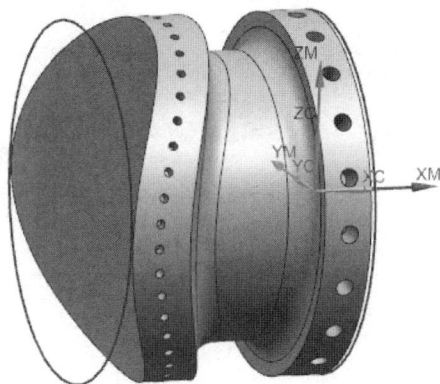

图 2-9　设置可变轮廓铣参数

（4）单击【驱动方法】选项组中的【方法】选项右侧的 按钮，系统弹出【曲面区域驱动方法】对话框，单击【指定驱动几何体】按钮，系统弹出【驱动几何体】对话框，设置【选择对象】为图 2-6 中拉伸的片体，单击【确定】按钮；单击【切削方向】按钮，系统弹出【切削方向】对话框，设置【切削方向】为如图 2-10 所示的方向，单击【确定】按钮，如图 2-11 所示。

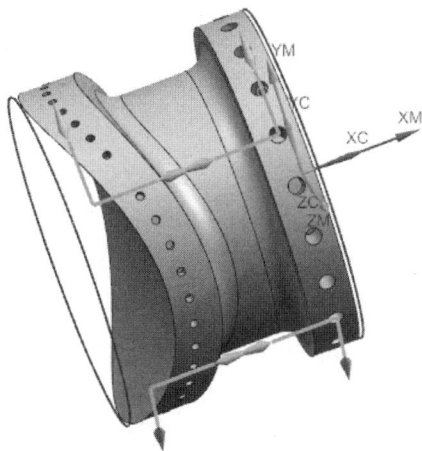

图 2-10　切削方向

图 2-11　设置曲面区域驱动方法

（5）单击【刀轴】选项组中的【轴】选项右侧的 按钮，系统弹出【远离直线】对话框，设置【指定矢量】为 、【指定点】为坐标系的原点，单击【确定】按钮，如图 2-12 所示。

图 2-12　设置远离直线参数

（6）单击【切削参数】按钮 ，系统弹出【切削参数】对话框，在【余量】选项卡的【余量】选项组中，设置【部件余量】为 0.05，单击【确定】按钮，如图 2-13 所示。

图 2-13　设置部件余量

（7）单击【进给率和速度】按钮 ，系统弹出【进给率和速度】对话框，在【主轴速度】选项组中，勾选【主轴速度（rpm）】复选框，并设置【主轴速度（rpm）】为 5000；在【进给率】选项组中，设置【切削】为 3000mmpm，单击【计算】按钮 ，单击【确定】按钮，如图 2-14 所示。

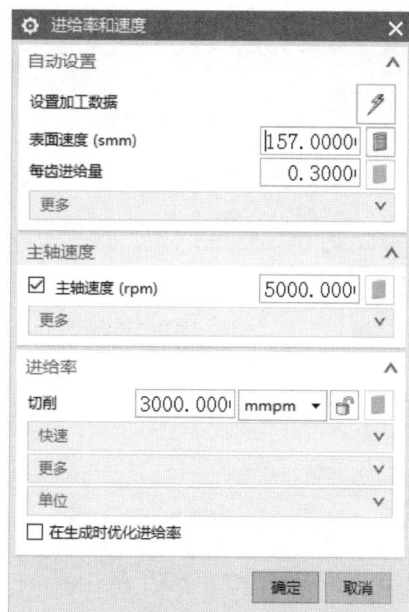

图 2-14　设置进给率和速度参数

（8）返回【可变轮廓铣】对话框，单击【生成】按钮 ，系统自动生成粗 1 刀路，单击【确定】按钮。生成的粗 1 刀路如图 2-15 所示。

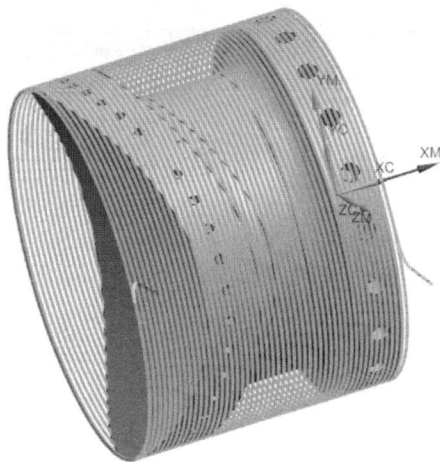

图 2-15　生成的粗 1 刀路

2.4.2　创建粗 2 程序

（1）在【插入】工具条中单击【创建工序】按钮 ，系统弹出【创建工序】对话框，设置【类型】为【mill_multi-axis】，在【工序子类型】选项组中单击【可变轮廓铣】按钮 ，在【位置】选项组中根据需要进行参数设置，单击【确定】按钮，如图 2-16 所示。

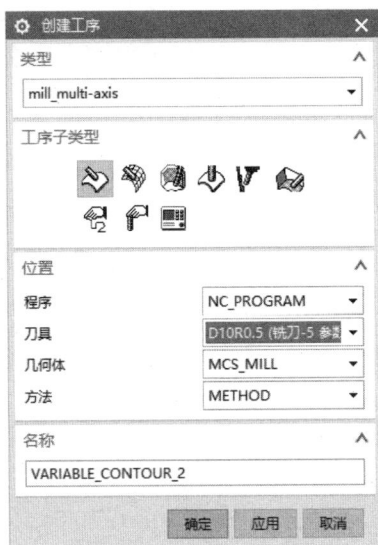

图 2-16　创建工序

（2）系统弹出【可变轮廓铣】对话框，单击【指定切削区域】按钮 ，系统弹出【切削区域】对话框，设置【选择对象】为图 2-6 中拉伸的片体。在【可变轮廓铣】对话框的【工具】选项组中，设置【刀具】为【D16R0.5】；在【刀轴】选项组中，设置【轴】为【远离直线】；在【驱动方法】选项组中，设置【方法】为【曲面】，如图 2-17 所示。

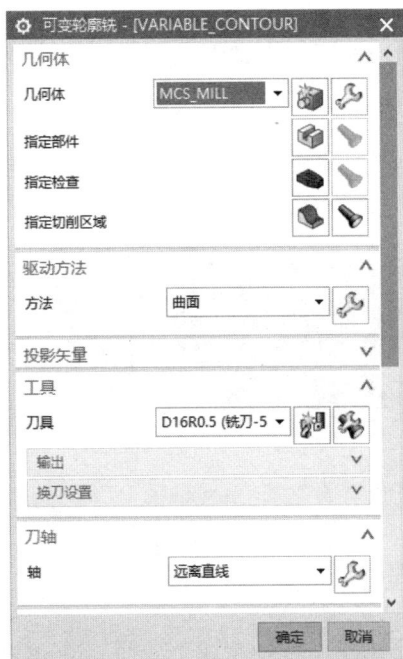

图 2-17　设置可变轮廓铣参数

（3）单击【驱动方法】选项组中的【方法】选项右侧的 按钮，系统弹出【曲面区域驱动方法】对话框，单击【指定驱动几何体】按钮 ，系统弹出【驱动几何体】对话框，设置【选择对象】为图 2-6 中拉伸的片体，单击【确定】按钮；单击【切削方向】按钮 ，系统弹出【切削方向】对话框，设置【切削方向】为如图 2-18 所示的方向，单击【确定】按钮，如图 2-19 所示。

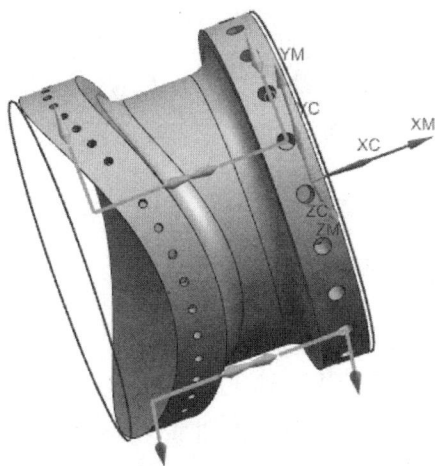

图 2-18　切削方向

图 2-19　设置曲面区域驱动方法

（4）单击【刀轴】选项组中的【轴】选项右侧的 按钮，系统弹出【远离直线】对话框，设置【指定矢量】为 、【指定点】为坐标系的原点，单击【确定】按钮，如图 2-20 所示。

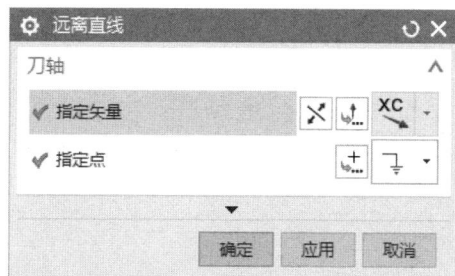

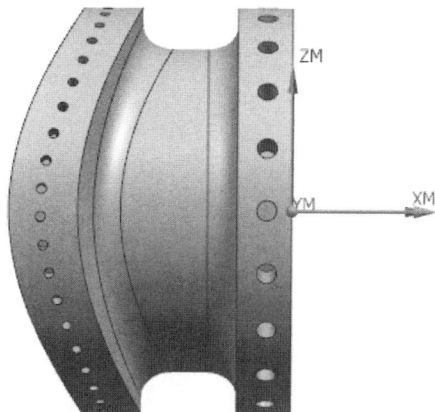

图 2-20　设置远离直线参数

59

（5）单击【切削参数】按钮 ▱，系统弹出【切削参数】对话框，在【余量】选项卡的【余量】选项组中，设置【部件余量】为 0，单击【确定】按钮，如图 2-21 所示。

图 2-21　设置部件余量

（6）单击【进给率和速度】按钮 ⬚，系统弹出【进给率和速度】对话框，在【主轴速度】选项组中，勾选【主轴速度（rpm）】复选框，并设置【主轴速度（rpm）】为 6000；在【进给率】选项组中，设置【切削】为 800mmpm，单击【计算】按钮 ▦，单击【确定】按钮，如图 2-22 所示。

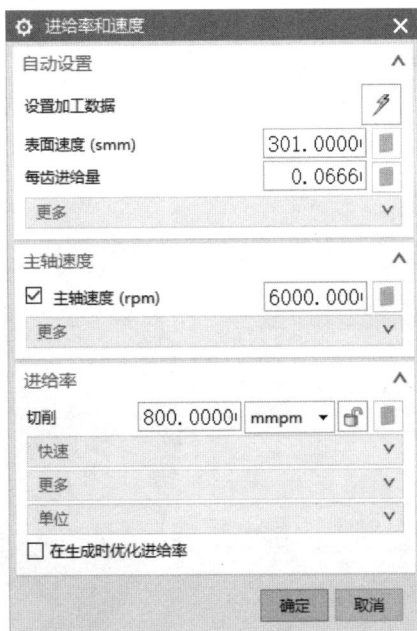

图 2-22　设置进给率和速度参数

（7）返回【可变轮廓铣】对话框，单击【生成】按钮 ，系统自动生成粗 2 刀路，单击【确定】按钮。生成的粗 2 刀路如图 2-23 所示。

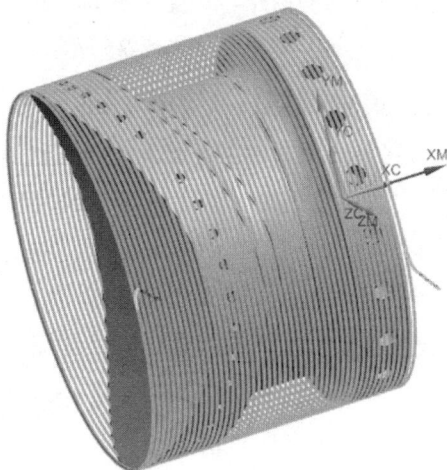

图 2-23 生成的粗 2 刀路

2.4.3 创建粗 3 程序

（1）单击标准工具条中的【应用模块】|【建模】按钮，切换到【建模】工作状态，在【建模】工具条中单击【拉伸】按钮，系统弹出【拉伸】对话框，拉伸工件最大外圆，设置拉伸长度为 57mm，并设置【布尔】为【无】，单击【确定】按钮。单击【修剪体】按钮，系统弹出【修剪体】对话框，在【目标】选项组中，选择刚刚拉伸的对象，在【工具】选项组中，设置【工具选项】为【面或平面】，设置【选择面或平面】为工件左侧面，单击【确定】按钮，生成编程使用的毛坯，如图 2-24 所示。

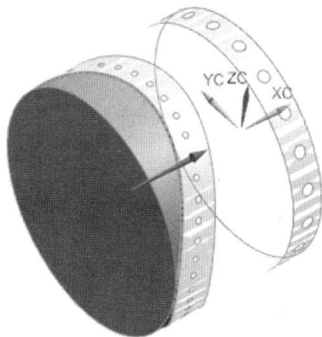

图 2-24 粗 3 毛坯创建准备

61

单击标准工具条中的【应用模块】|【加工】按钮，切换到【加工】工作状态。在【插入】工具条中单击【创建工序】按钮 🖎，系统弹出【创建工序】对话框，设置【类型】为【mill_contour】，在【工序子类型】选项组中单击【型腔铣】按钮 🖎，在【位置】选项组中根据需要进行参数设置，单击【确定】按钮，如图 2-25 所示。

（2）系统弹出【型腔铣】对话框，单击【指定部件】按钮 🖎，系统弹出【部件几何体】对话框，设置【选择对象】为变距滚轮，单击【确定】按钮；单击【指定毛坯】按钮 🖎，系统弹出【指定毛坯】对话框，设置【选择对象】为图 2-24 中的毛坯，单击【确定】按钮。在【工具】选项组中，设置【刀具】为【D16R0.5】；在【刀轴】选项组中采用默认设置；在【刀轨设置】选项组中，设置【切削模式】为【跟随周边】、【步距】为【刀具平直百分比】、【平面直径百分比】为 65、【最大距离】为 0.5mm，如图 2-26 所示。

图 2-25　创建工序

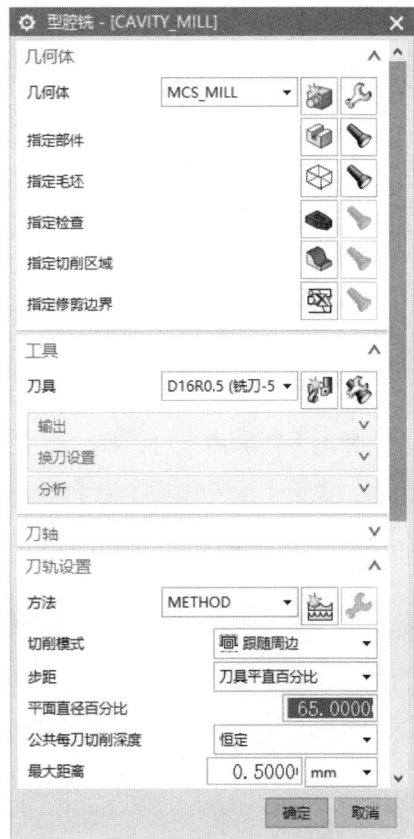

图 2-26　设置型腔铣参数

（3）单击【切削层】按钮 🖎，系统弹出【切削层】对话框，设置【范围类型】为【用户定义】、【最大距离】为 0.5mm，按回车键，系统自动选取定义栏，设置【范围深度】为 40，单击【确定】按钮，如图 2-27 所示。

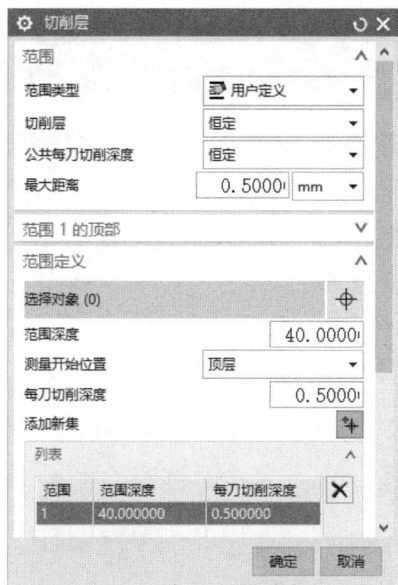

图 2-27　设置切削层参数

（4）单击【切削参数】按钮 ，系统弹出【切削参数】对话框。在【余量】选项卡的【余量】选项组中，设置【部件侧面余量】为 0.1；在【策略】选项卡的【切削】选项组中，设置【切削方向】为【顺铣】、【切削顺序】为【层优先】、【刀路方向】为【向外】，单击【确定】按钮，如图 2-28 所示。

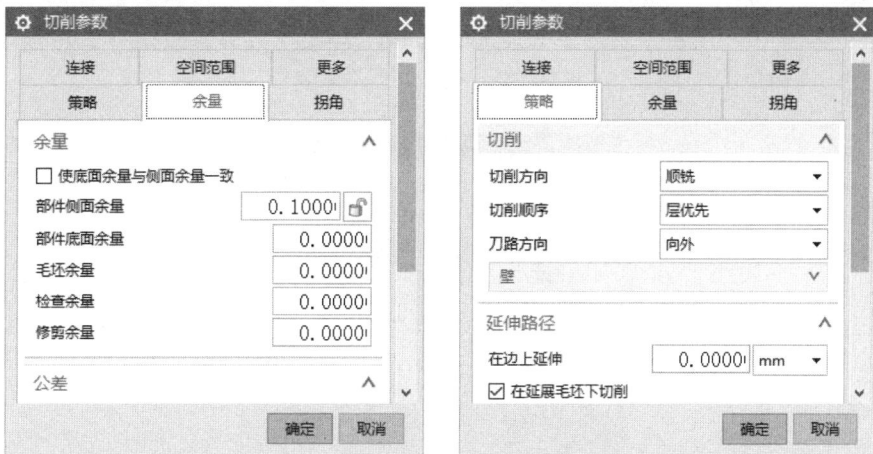

图 2-28　设置切削参数

（5）单击【非切削移动】按钮 ，系统弹出【非切削移动】对话框，在【进刀】选项卡的【封闭区域】选项组中，设置【进刀类型】为【与开放区域相同】，在【开放区域】选项组中，设置【进刀类型】为【线性】、【长度】为【刀具百分比的 50】、【高度】为 3mm、【最小安全距离】为【刀具百分比的 50】；在【转移/快速】选项卡的【区域之间】选项组中，设置【转移类型】为【前一平面】、【安全距离】为 0.5mm，在【区域内】选项组中，设置【转移类型】为【前一平面】、【安全距离】为 0.5mm，单击【确定】按钮，如图 2-29 所示。

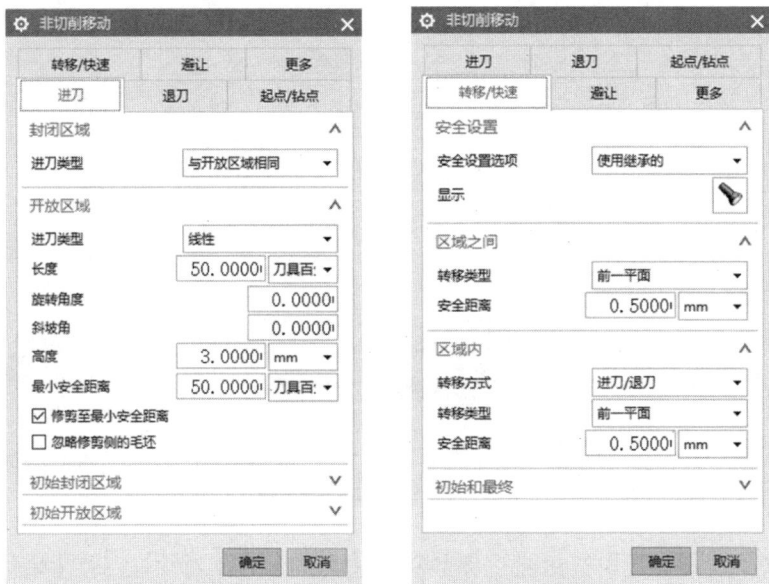

图 2-29　设置进刀参数和转移/快速参数

（6）单击【进给率和速度】按钮，系统弹出【进给率和速度】对话框，在【主轴速度】选项组中，勾选【主轴速度（rpm）】复选框，并设置【主轴速度（rpm）】为 5000；在【进给率】选项组中，设置【切削】为 3000mmpm，单击【计算】按钮，单击【确定】按钮，如图 2-30 所示。

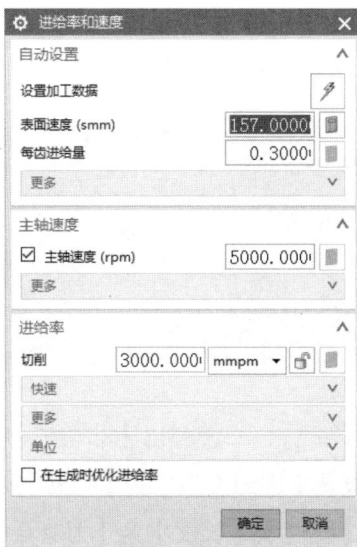

图 2-30　设置进给率和速度参数

（7）返回【型腔铣】对话框，单击【生成】按钮，系统自动生成粗 3 刀路，单击【确定】按钮。生成的粗 3 刀路如图 2-31 所示。

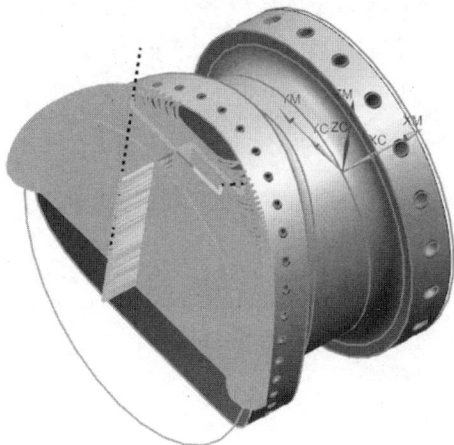

图 2-31　生成的粗 3 刀路

2.4.4　创建粗 4 程序

（1）在【插入】工具条中单击【创建工序】按钮，系统弹出【创建工序】对话框，设置【类型】为【mill_contour】，在【工序子类型】选项组中单击【型腔铣】按钮，在【位置】选项组中根据需要进行参数设置，单击【确定】按钮，如图 2-32 所示。

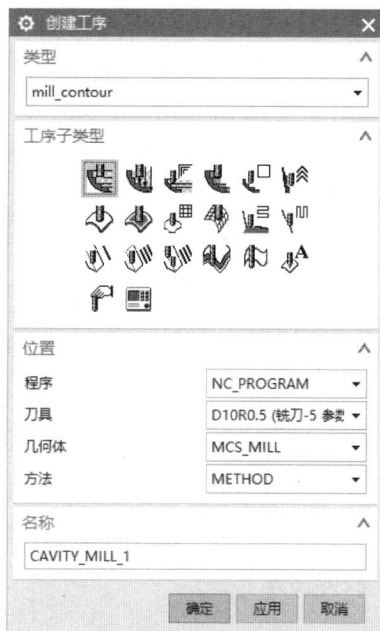

图 2-32　创建工序

（2）系统弹出【型腔铣】对话框，单击【指定部件】按钮 ⬛，系统弹出【部件几何体】对话框，设置【选择对象】为变距滚轮，单击【确定】按钮；单击【指定毛坯】按钮 ⬡，系统弹出【指定毛坯】对话框，设置【选择对象】为图 2-24 中的毛坯，单击【确定】按钮。在【工具】选项组中，设置【刀具】为【D16R0.5】；在【刀轴】选项组中，设置【指定矢量】为 ⬇；在【刀轨设置】选项组中，设置【切削模式】为【跟随周边】、【步距】为【刀具平直百分比】、【平面直径百分比】为 65、【最大距离】为 0.5mm，如图 2-33 所示。

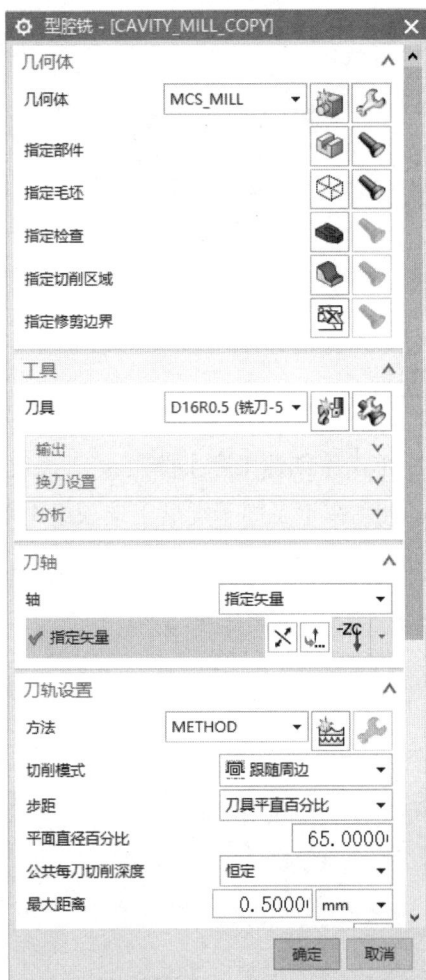

图 2-33　设置型腔铣参数

（3）单击【切削层】按钮 ⬛，系统弹出【切削层】对话框，设置【范围类型】为【用户定义】、【最大距离】为 0.5mm，按回车键，系统自动选取定义栏，设置【范围深度】为 40，单击【确定】按钮，如图 2-34 所示。

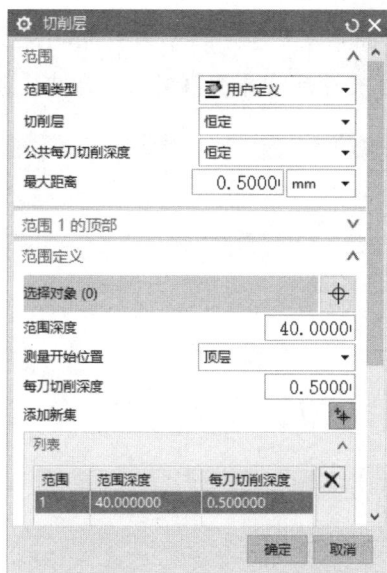

图 2-34　设置切削层参数

（4）单击【切削参数】按钮，系统弹出【切削参数】对话框，在【余量】选项卡的【余量】选项组中，设置【部件侧面余量】为 0.1；在【策略】选项卡的【切削】选项组中，设置【切削方向】为【顺铣】、【切削顺序】为【层优先】、【刀路方向】为【向外】，单击【确定】按钮，如图 2-35 所示。

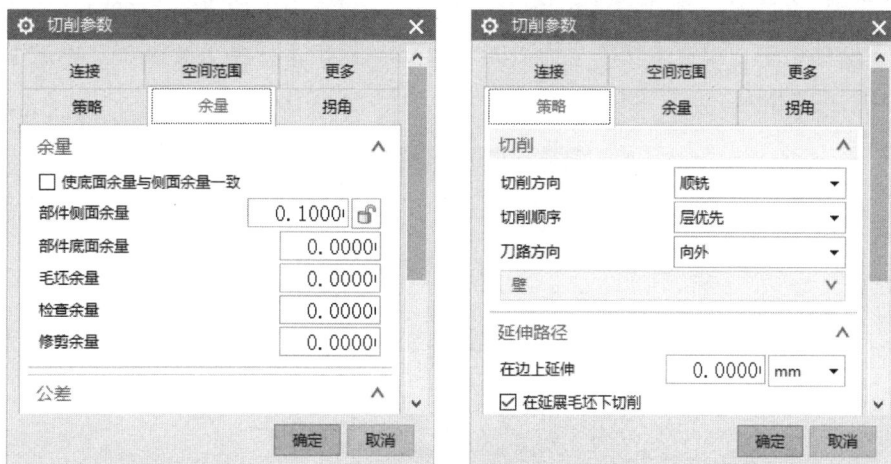

图 2-35　设置切削参数

（5）单击【非切削移动】按钮，系统弹出【非切削移动】对话框，在【进刀】选项卡的【封闭区域】选项组中，设置【进刀类型】为【与开放区域相同】，在【开放区域】选项组中，设置【进刀类型】为【线性】、【长度】为【刀具百分比的 50】、【高度】为 3mm、【最小安全距离】为【刀具百分比的 50】；在【转移/快速】选项卡的【区域之间】选项组中，设置【转移类型】为【前一平面】、【安全距离】为 0.5mm，在【区域内】选项组中，设置【转移类型】为【前一平面】、【安全距离】为 0.5mm，单击【确定】按钮，如图 2-36 所示。

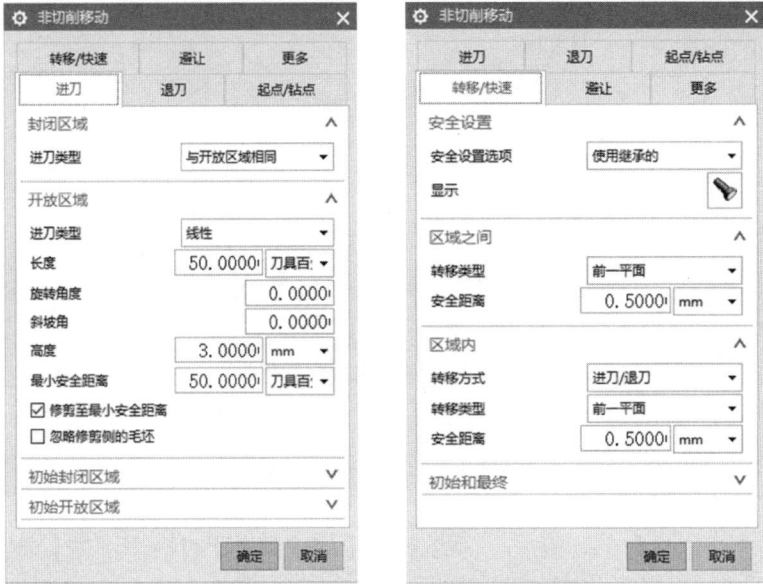

图 2-36　设置进刀参数和转移/快速参数

（6）单击【进给率和速度】按钮，系统弹出【进给率和速度】对话框，在【主轴速度】选项组中，勾选【主轴速度（rpm）】复选框，并设置【主轴速度（rpm）】为 5000；在【进给率】选项组中，设置【切削】为 3000mmpm，单击【计算】按钮，单击【确定】按钮，如图 2-37 所示。

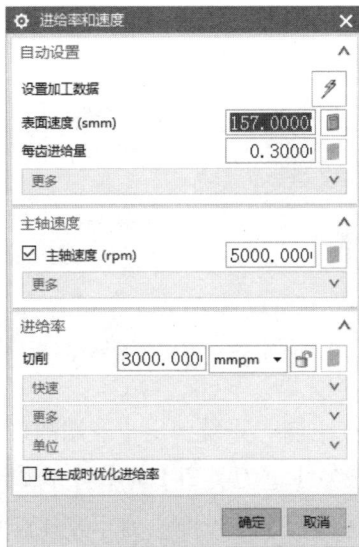

图 2-37　设置进给率和速度参数

（7）返回【型腔铣】对话框，单击【生成】按钮，系统自动生成粗 4 刀路，单击【确定】按钮。生成的粗 4 刀路如图 2-38 所示。

图 2-38　生成粗 4 刀路

2.4.5　创建粗 5 程序

（1）在【插入】工具条中单击【创建工序】按钮，系统弹出【创建工序】对话框，设置【类型】为【mill_multi-axis】，在【工序子类型】选项组中单击【可变流线铣】按钮，在【位置】选项组中根据需要进行参数设置，单击【确定】按钮，如图 2-39 所示。

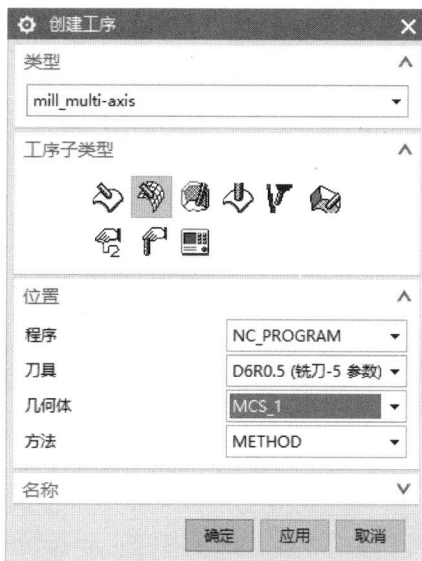

图 2-39　创建工序

（2）系统弹出【可变流线铣】对话框，在【驱动方法】选项组中，设置【方法】为【流线】；在【工具】选项组中，设置【刀具】为【D6R0.5】；在【刀轴】选项组中，设置【轴】为【远离直线】，如图 2-40 所示。单击【指定切削区域】按钮 ，系统弹出【切削区域】对话框，指定切削区域，如图 2-41 所示。

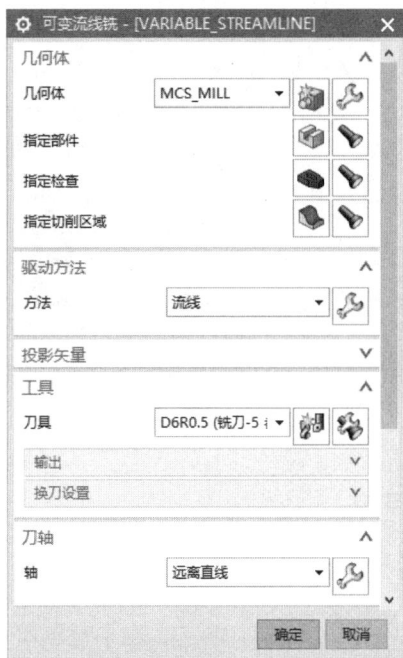

图 2-40　设置可变流线铣参数

图 2-41　指定切削区域

（3）单击【驱动方法】选项组中的【方法】右侧的 按钮，系统弹出【流线驱动方法】对话框，单击【切削方向】按钮 ，系统弹出【切削方向】对话框，单击任意顺时针方向箭头，单击【确定】按钮。在【流线驱动方法】对话框的【驱动设置】选项组中，设置【刀具位置】为【对中】、【切削模式】为【往复】、【步距】为【数量】、【步距数】为【4】，单击【确定】按钮，如图 2-42 所示。

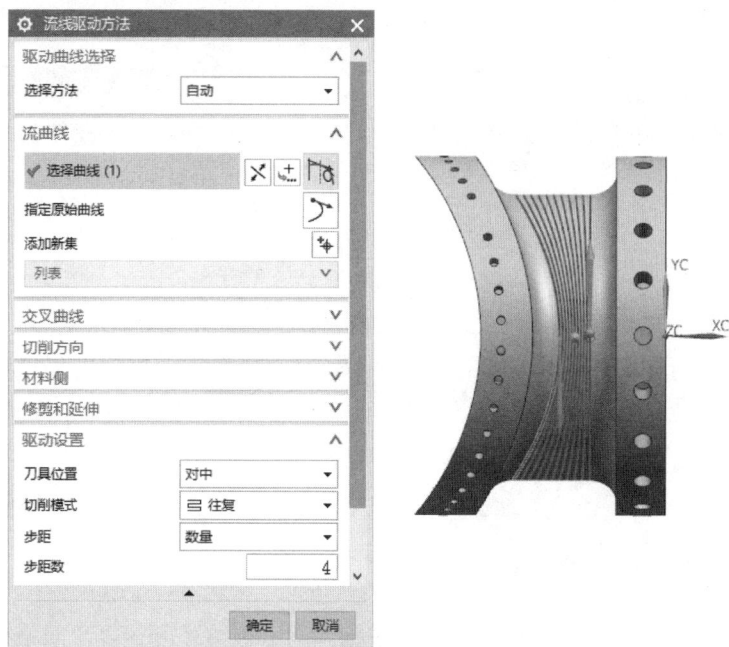

图 2-42　设置流线驱动方法

（4）单击【可变流线铣】对话框的【刀轴】选项组中的【轴】选项右侧的 🔧 按钮，系统弹出【远离直线】对话框，设置【指定矢量】为 ，【指定点】为坐标系的原点，单击【确定】按钮，如图 2-43 所示。

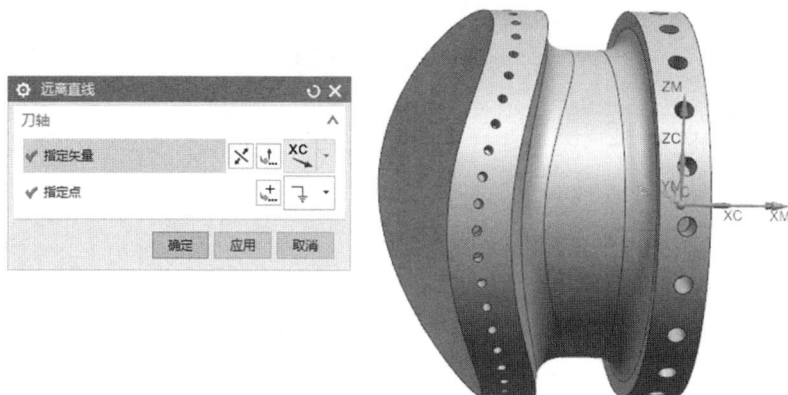

图 2-43　设置远离直线参数

（5）单击【切削参数】按钮 ，系统弹出【切削参数】对话框，在【多刀路】选项卡的【多重深度】选项组中，设置【部件余量偏置】为 9.5，勾选【多重深度切削】复选框，并设置【步进办法】为【增量】、【增量】为 0.7，如图 2-44 所示。

（6）在【余量】选项卡的在【余量】选项组中，设置【部件余量】为 0.1，单击【确定】按钮，如图 2-45 所示。

图 2-44　设置切削参数

图 2-45　设置部件余量

（7）单击【进给率和速度】按钮 ，系统弹出【进给率和速度】对话框，在【主轴速度】选项组中，勾选【主轴速度（rpm）】复选框，并设置【主轴速度（rpm）】为 5500；在【进给率】选项组中，设置【切削】为 3500mmpm，单击【计算】按钮 ，单击【确定】按钮，如图 2-46 所示。

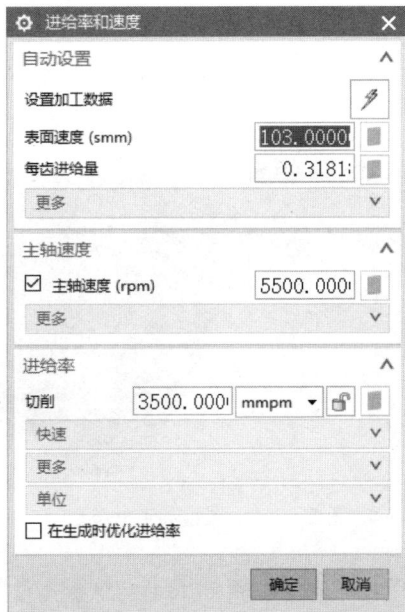

图 2-46　设置进给率和速度参数

（8）系统返回【可变流线铣】对话框，单击【生成】按钮 ，系统自动生成粗 5 刀路，单击【确定】按钮。生成的粗 5 刀路如图 2-47 所示。

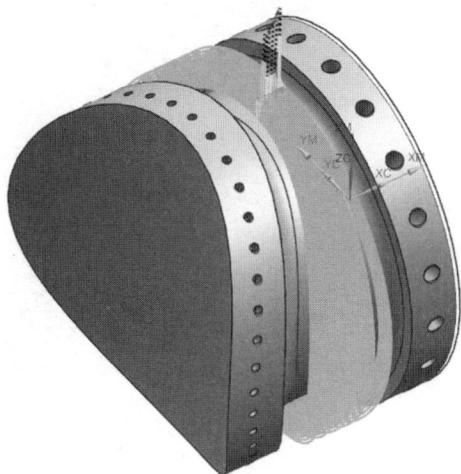

图 2-47　生成的粗 5 刀路

2.4.6　创建二粗 1 程序

（1）单击标准工具条中的【应用模块】|【建模】按钮，切换到【建模】工作状态，在【曲线】工具条中单击【相交曲线】按钮 ，系统弹出【相交曲线】对话框，在【第一组】选项组中设置【选择面】为图 2-48 中的面，在【第二组】选项组中设置【指定平面】为 ，单击【应用】按钮；在【第二组】选项组中设置【指定平面】为 ，单击【确定】按钮，如图 2-49 所示；获得如图 2-50 所示的 4 条相交曲线。

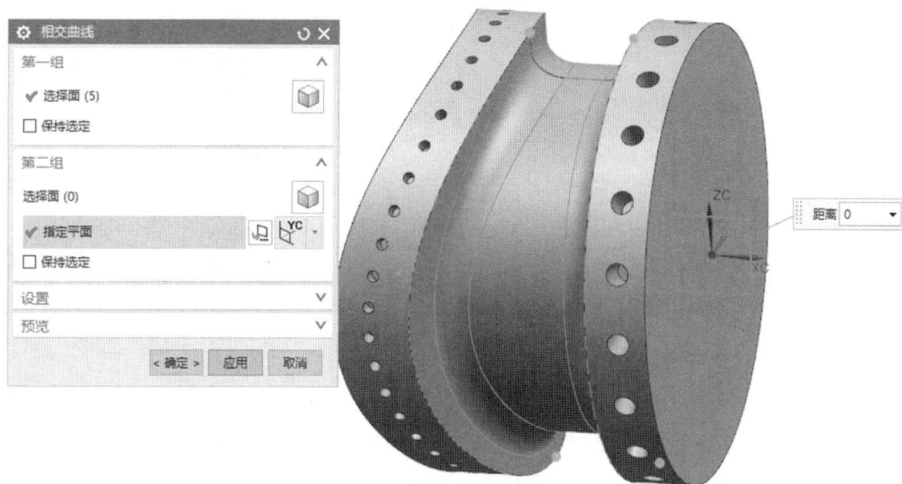

图 2-48　设置相交曲线参数 1

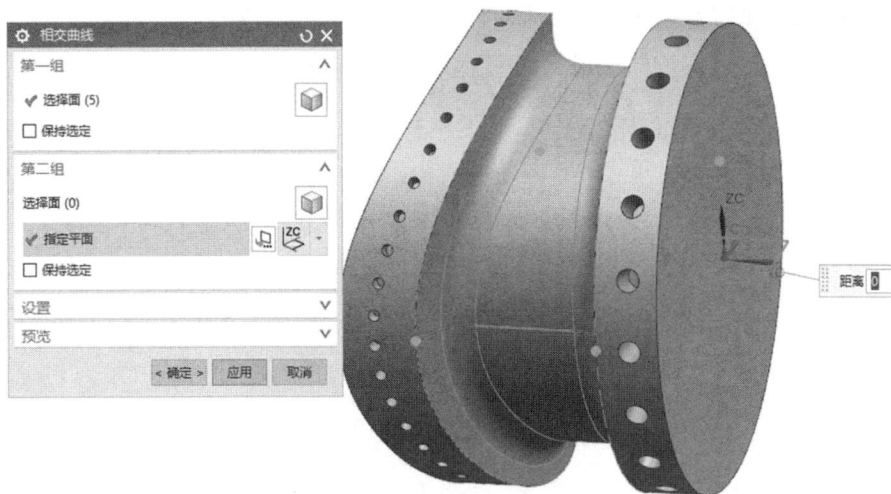

图 2-49　设置相交曲线参数 2

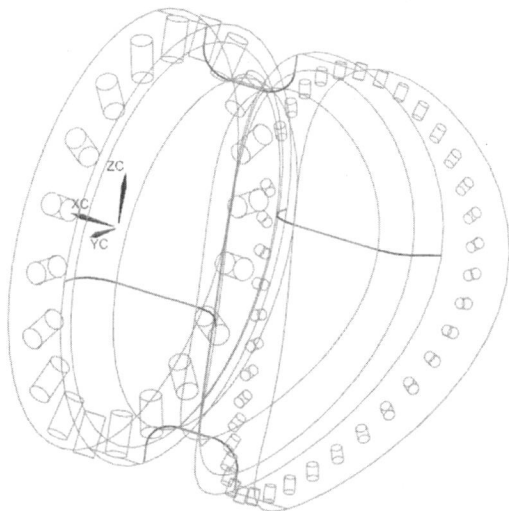

图 2-50　获得的 4 条相交曲线

（2）单击【曲面】|【通过曲线网格】按钮 ，系统弹出【通过曲线网格】对话框，在【主曲线】选项组中，设置【选择曲线】为图 2-50 中相交的曲线，每选择 1 条曲线单击 1 次【添加新集】按钮 ；在【交叉曲线】选项组中，设置【选择曲线】为工件上的 6 条曲线，每选 1 条曲线单击 1 次【添加新集】按钮 ，单击【确定】按钮，生成片体，如图 2-51 所示。

（3）先单击【视图】|【更多】按钮 ，再单击【复制至图层】按钮，系统弹出【复制至图层】对话框，将图 2-51 中生成的片体复制到任意图层中，单击【确定】按钮。单击【曲面】|【修剪片体】按钮 ，系统弹出【修剪片体】对话框，在【目标】选项组中，设

置【选择片体】为图 2-51 中生成的片体；在【边界】选项组中，设置【选择对象】为工件上的 5 条曲线，将片体修剪成如图 2-52 所示的 2 个片体，由此获得 3 个片体，即片体 A、片体 B、片体 C（见图 2-53），单击【确定】按钮。

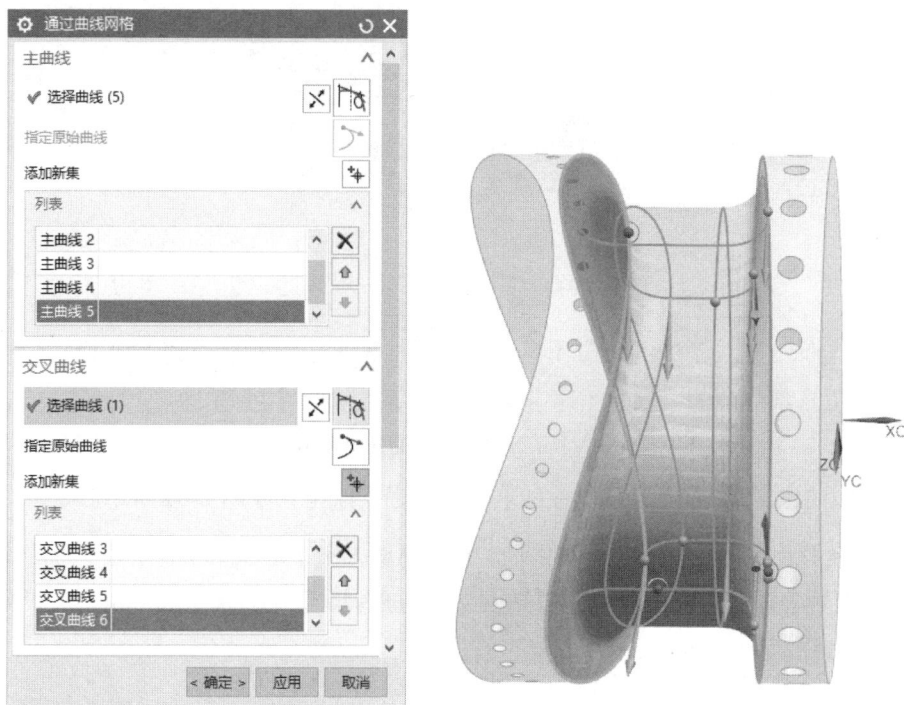

图 2-51　设置通过曲线网格参数

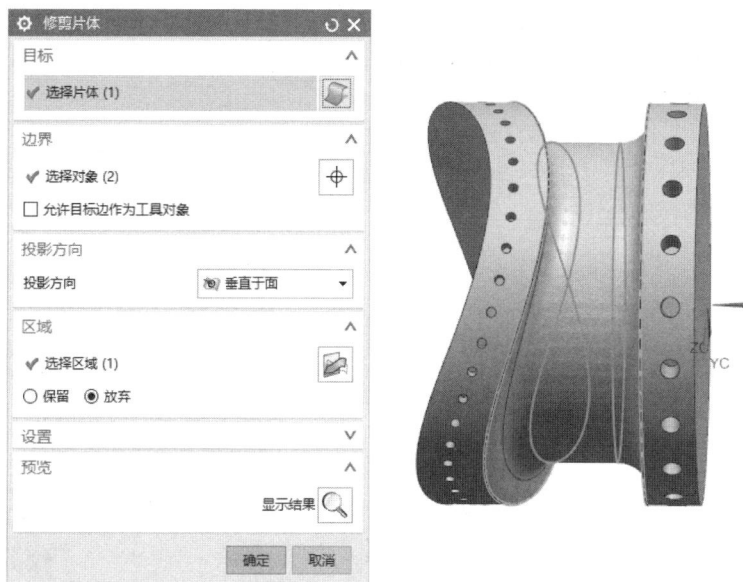

图 2-52　设置修剪片体参数

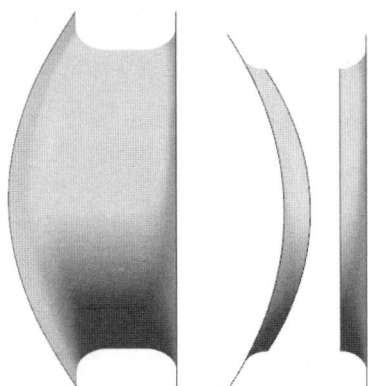

图 2-53　片体 A、片体 B 和片体 C

（4）单击标准工具条中的【应用模块】|【加工】按钮，切换到【加工】工作状态。在【插入】工具条中单击【创建工序】按钮 ，系统弹出【创建工序】对话框，设置【类型】为【mill_multi-axis】，在【工序子类型】选项组中单击【可变轮廓铣】按钮，在【位置】选项组中根据需要进行参数设置，单击【确定】按钮，如图 2-54 所示。

（5）系统弹出【可变轮廓铣】对话框，在【驱动方法】选项组中，设置【方法】为【曲面】；在【工具】选项组中，设置【刀具】为【D6R3】；在【刀轴】选项组中，设置【轴】为【远离直线】，如图 2-55 所示。

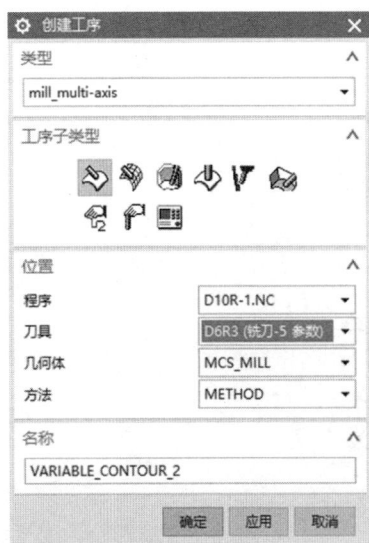

图 2-54　创建工序

图 2-55　设置可变轮廓铣参数

（6）单击【驱动方法】选项组中的【方法】选项右侧的 🔧 按钮，系统弹出【曲面区域驱动方法】对话框，单击【指定驱动几何体】按钮 🔷，系统弹出【驱动几何体】对话框，设置【选择对象】为片体 B，单击【确定】按钮，如图 2-56 所示；在【驱动设置】选项组中，设置【切削模式】为【螺旋】、【步距】为【数量】、【步距数】为【30】，单击【确定】按钮，如图 2-57 所示。

图 2-56　指定驱动几何体

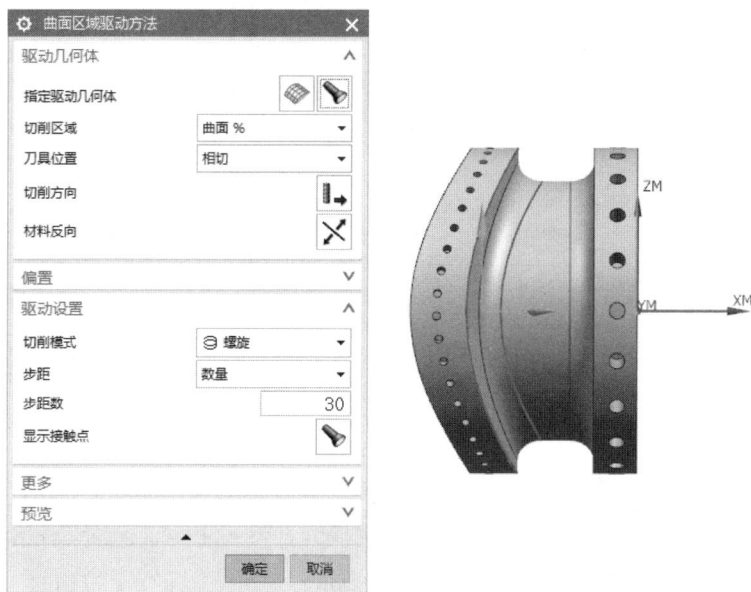

图 2-57　设置曲面区域驱动方法

（7）单击【刀轴】选项组中的【轴】选项右侧的 🔧 按钮，系统弹出【远离直线】对话框，设置【指定矢量】为 XC、【指定点】为坐标系的原点，单击【确定】按钮，如图 2-58 所示。

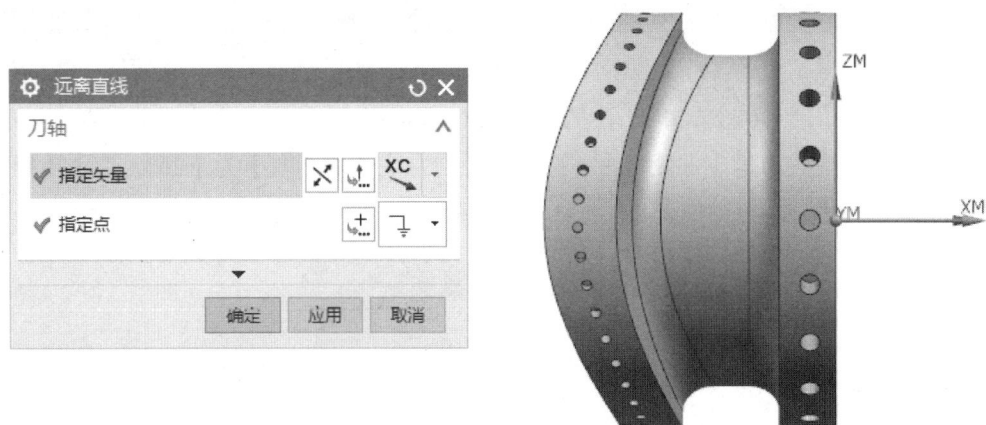

图 2-58 设置远离直线参数

（8）单击【切削参数】按钮，系统弹出【切削参数】对话框，在【余量】选项卡的【余量】选项组中，设置【部件余量】为 0.1，单击【确定】按钮，如图 2-59 所示。

图 2-59 设置部件余量

（9）单击【进给率和速度】按钮，系统弹出【进给率和速度】对话框，在【主轴速度】选项组中，勾选【主轴速度（rpm）】复选框，并设置【主轴速度（rpm）】为 5500；在【进给率】选项组中，设置【切削】为 2500mmpm，单击【计算】按钮，单击【确定】按钮，如图 2-60 所示。

（10）返回【可变轮廓铣】对话框，单击【生成】按钮，系统自动生成二粗 1 刀路，单击【确定】按钮。生成的二粗 1 刀路如图 2-61 所示。

图 2-60　设置进给率和速度参数

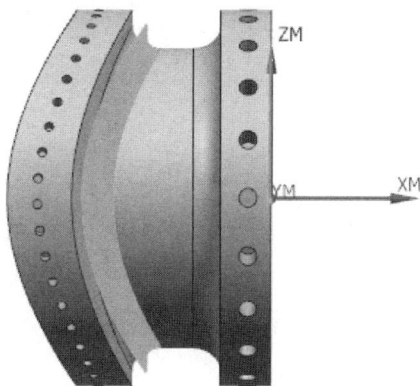

图 2-61　生成的二粗 1 刀路

2.4.7　创建二粗 2 程序

（1）在【插入】工具条单击【创建工序】按钮 ，系统弹出【创建工序】对话框，设置【类型】为【mill_multi-axis】，在【工序子类型】选项组中单击【可变轮廓铣】按钮，在【位置】选项组中根据需要进行参数设置，单击【确定】按钮，如图 2-62 所示。

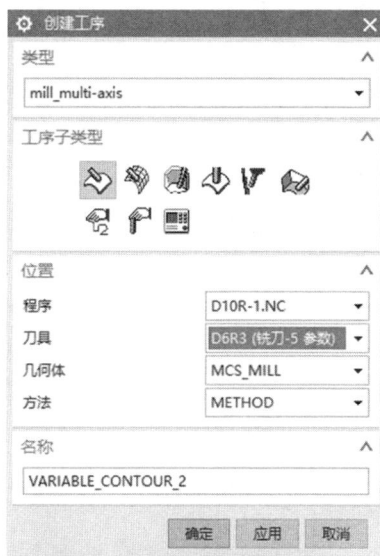

图 2-62　创建工序

（2）系统弹出【可变轮廓铣】对话框，在【驱动方法】选项组中，设置【方法】为【曲

面】；在【工具】选项组中，设置【刀具】为【D6R3】；在【刀轴】选项组中，设置【轴】
为【远离直线】，如图 2-63 所示。

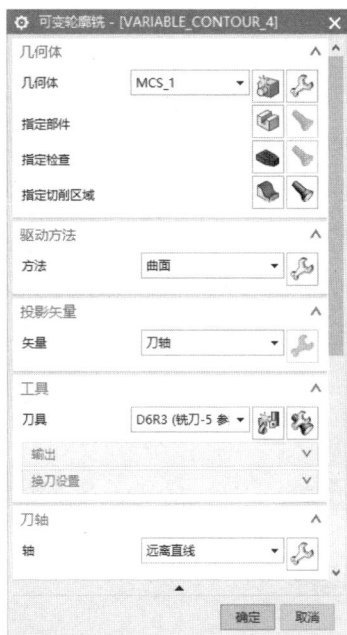

图 2-63　设置可变轮廓铣参数

（3）单击【驱动方法】选项组中的【方法】选项右侧的 按钮，系统弹出【曲面区域
驱动方法】对话框，单击【指定驱动几何体】按钮 ，系统弹出【驱动几何体】对话框，
设置【选择对象】为片体 C，单击【确定】按钮，如图 2-64 所示；在【驱动设置】选项组
中，设置【切削模式】为【螺旋】、【步距】为【数量】、【步距数】为【30】，单击【确定】
按钮，如图 2-65 所示。

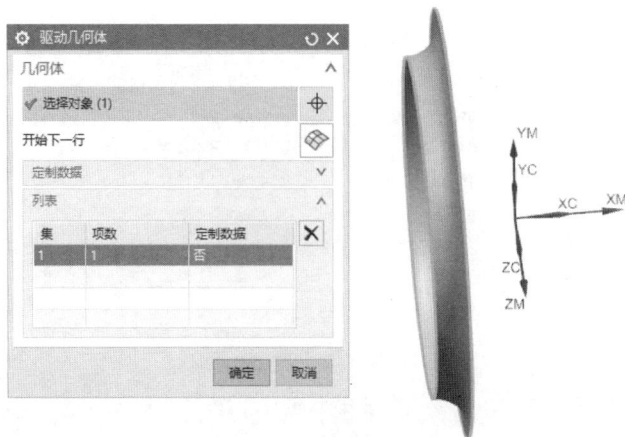

图 2-64　指定驱动几何体

图 2-65　设置曲面区域驱动方法

（4）单击【刀轴】选项组中的【轴】选项右侧的 按钮，系统弹出【远离直线】对话框，设置【指定矢量】为 、【指定点】为坐标系的原点，单击【确定】按钮，如图 2-66 所示。

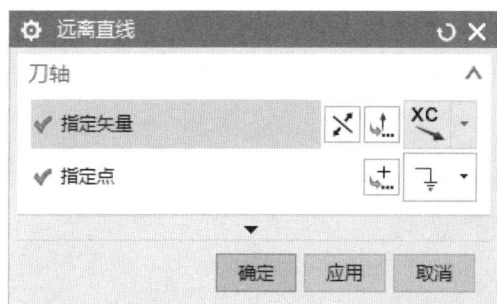

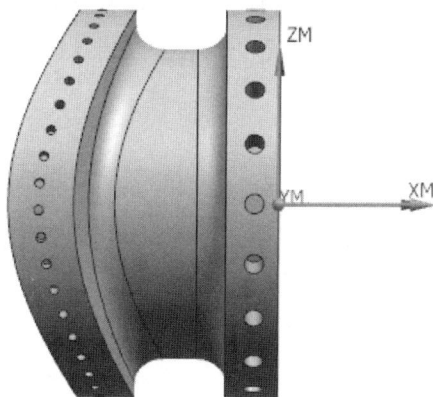

图 2-66　设置远离直线参数

（5）单击【切削参数】按钮 ，系统弹出【切削参数】对话框，在【余量】选项卡的【余量】选项组中，设置【部件余量】为 0.1，单击【确定】按钮，如图 2-67 所示。

（6）单击【进给率和速度】按钮 ，系统弹出【进给率和速度】对话框，在【主轴速度】选项组中，勾选【主轴速度（rpm）】复选框，并设置【主轴速度（rpm）】为 5500；在

【进给率】选项组中，设置【切削】为 2500mmpm，单击【计算】按钮，单击【确定】按钮，如图 2-68 所示。

图 2-67　设置部件余量

图 2-68　设置进给率和速度参数

（7）返回【可变轮廓铣】对话框，单击【生成】按钮，系统自动生成二粗 2 刀路，单击【确定】按钮。生成的二粗 2 刀路如图 2-69 所示。

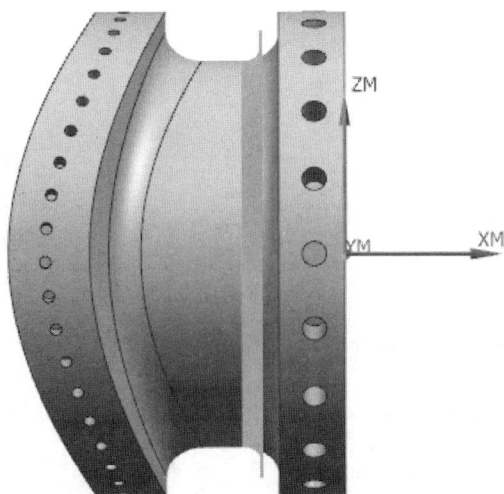

图 2-69　生成的二粗 2 刀路

2.4.8　创建二粗 3 程序

（1）在【插入】工具条中单击【创建工序】按钮 ⚒，系统弹出【创建工序】对话框，设置【类型】为【mill_multi-axis】，在【工序子类型】选项组中单击【可变流线铣】按钮，在【位置】选项组中根据需要进行参数设置，单击【确定】，如图 2-70 所示。

（2）系统弹出【可变流线铣】对话框，在【驱动方法】选项组中，设置【方法】为【流线】；在【工具】选项组中，设置【刀具】为【D6R0.5】；在【刀轴】选项组中，设置【轴】为【远离直线】，如图 2-71 所示。单击【指定切削区域】按钮 🔘，系统弹出【切削区域】对话框，指定切削区域，如图 2-72 所示。

（3）单击【驱动方法】选项组中的【方法】右侧的 🔧 按钮，系统弹出【流线驱动方法】对话框，单击【切削方向】按钮 🔳，系统弹出【切削方向】对话框，单击任意顺时针方向箭头，单击【确定】按钮。在【流线驱动方法】对话框的【驱动设置】选项组中，设置【刀具位置】为【对中】、【切削模式】为【往复】、【步距】为【数量】、【步距数】为【4】，单击【确定】按钮，如图 2-73 所示。

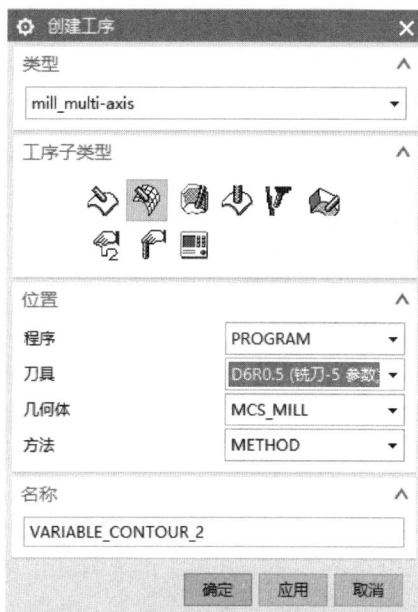

图 2-70　创建工序

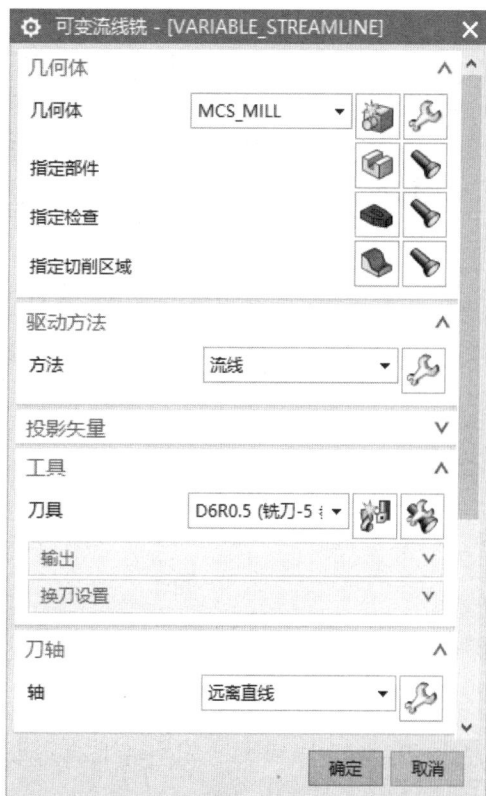

图 2-71　设置可变流线铣参数

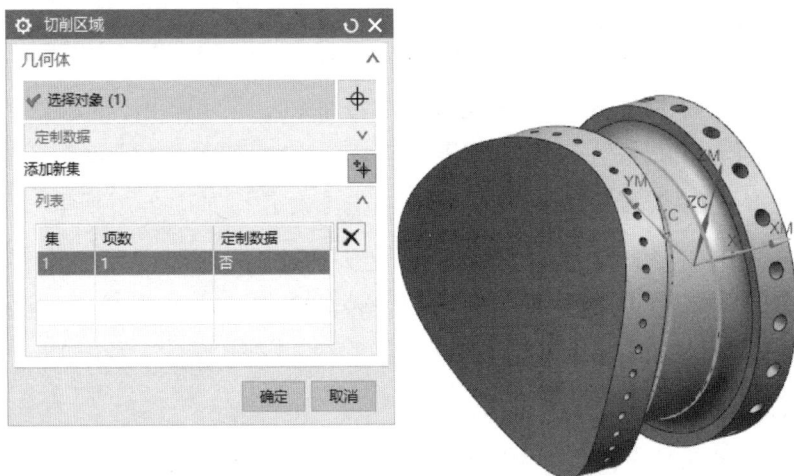

图 2-72　指定切削区域

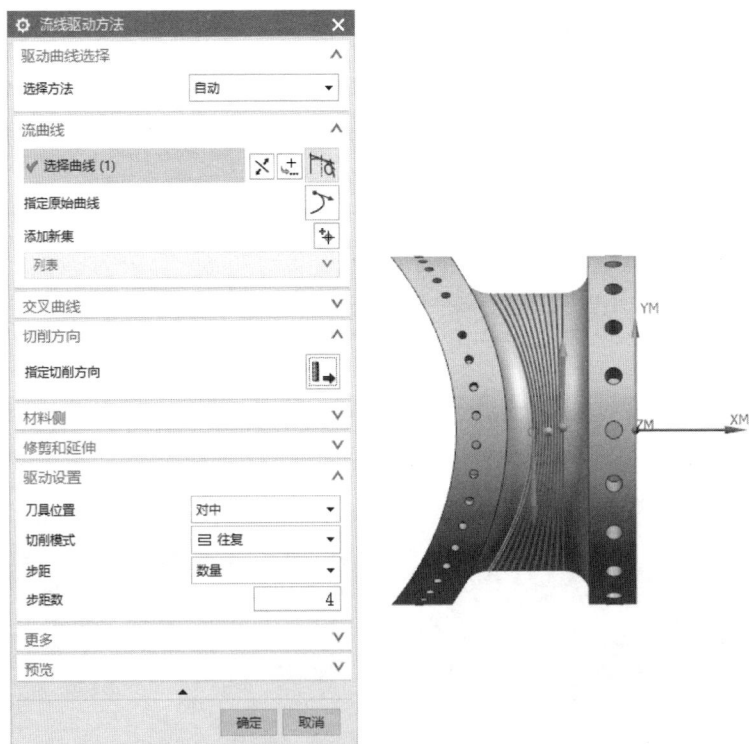

图 2-73　设置流线驱动方法

（4）单击【刀轴】选项组中的【轴】选项右侧的 按钮，系统弹出【远离直线】对话框，设置【指定矢量】为 、【指定点】为坐标系的原点，单击【确定】按钮，如图 2-74所示。

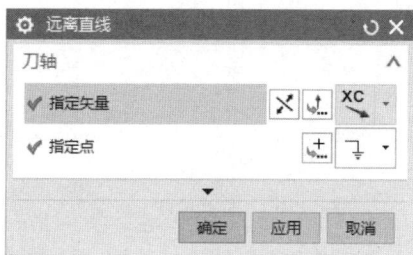

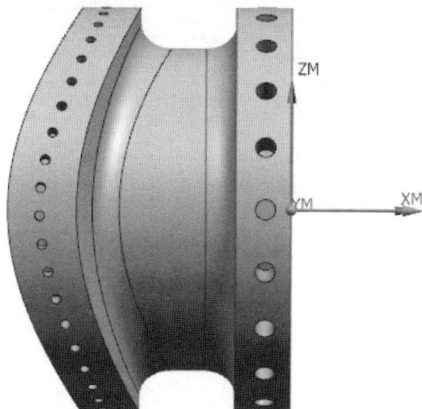

图 2-74　设置远离直线参数

（5）单击【切削参数】按钮 ⬛，系统弹出【切削参数】对话框，在【多刀路】选项卡的【多重深度】选项组中，设置【部件余量偏置】为 3，勾选【多重深度切削】复选框，并设置【步进办法】为【增量】、【增量】为 0.5，如图 2-75 所示。

（6）在【余量】选项卡的【余量】选项组中，设置【部件余量】为 0.1，单击【确定】按钮，如图 2-76 所示。

图 2-75　设置多刀路参数

图 2-76　设置部件余量

（7）单击【进给率和速度】按钮 ⬛，系统弹出【进给率和速度】对话框，在【主轴速度】选项组中，勾选【主轴速度（rpm）】复选框，并设置【主轴速度（rpm）】为 5500；在【进给率】选项组中，设置【切削】为 3500mmpm，单击【计算】按钮 ⬛，单击【确定】按钮，如图 2-77 所示。

（8）返回【可变流线铣】对话框，单击【生成】按钮 ，系统自动生成二粗 3 刀路，单击【确定】按钮。生成的二粗 3 刀路如图 2-78 所示。

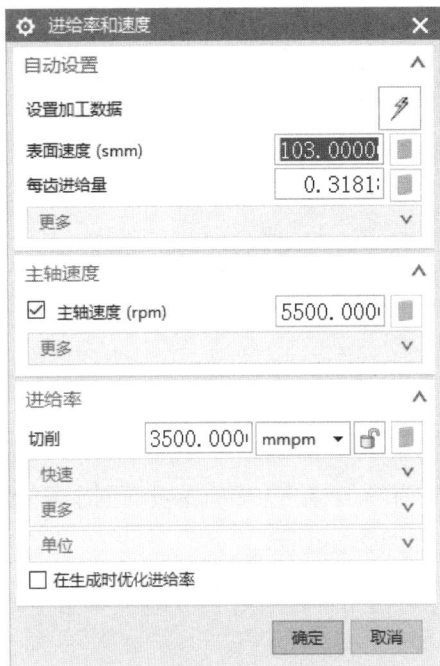

图 2-77　设置进给率和速度参数

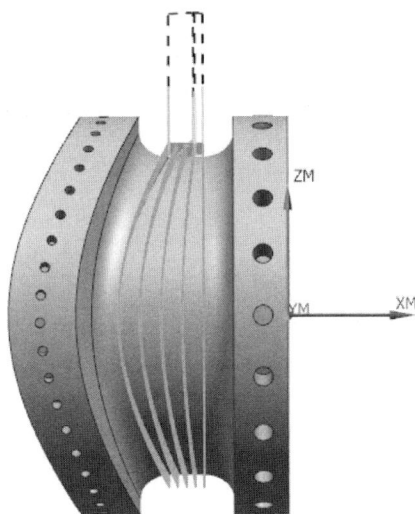

图 2-78　生成的二粗 3 刀路

2.4.9　创建半精程序

（1）在【插入】工具条中单击【创建工序】按钮 ，系统弹出【创建工序】对话框，设置【类型】为【mill_multi-axis】，在【工序子类型】选项组中单击【可变流线铣】按钮，在【位置】选项组中根据需要进行参数设置，单击【确定】按钮，如图 2-79 所示。

（2）系统弹出【可变流线铣】对话框，在【驱动方法】选项组中，设置【方法】为【曲面】；在【工具】选项组中，设置【刀具】为【D6R3】；在【刀轴】选项组中，设置【轴】为【远离直线】，如图 2-80 所示。

（3）单击【驱动方法】选项组中的【方法】选项右侧的 按钮，系统弹出【曲面区域驱动方法】对话框，单击【指定驱动几何体】按钮 ，系统弹出【驱动几何体】对话框，设置【选择对象】为片体 A，单击【确定】按钮，如图 2-81 所示；在【驱动设置】选项组中，设置【切削模式】为【螺旋】、【步距】为【数量】、【步距数】为【40】，单击【确定】按钮，如图 2-82 所示。

图 2-79　创建工序

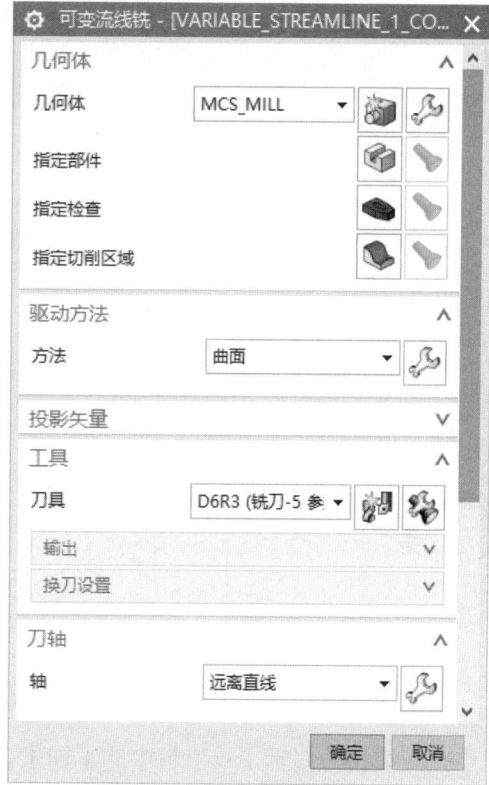

图 2-80　设置可变流线铣参数

图 2-81　指定驱动几何体

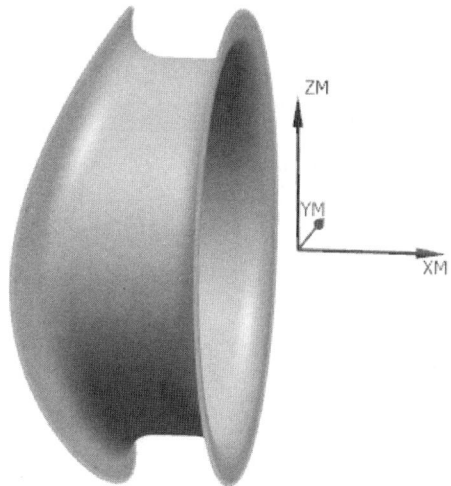

图 2-82　设置曲面区域驱动方法

（4）单击【刀轴】选项组中的【轴】选项右侧的 按钮，系统弹出【远离直线】对话框，设置【指定矢量】为 、【指定点】为坐标系的原点，单击【确定】按钮，如图 2-83 所示。

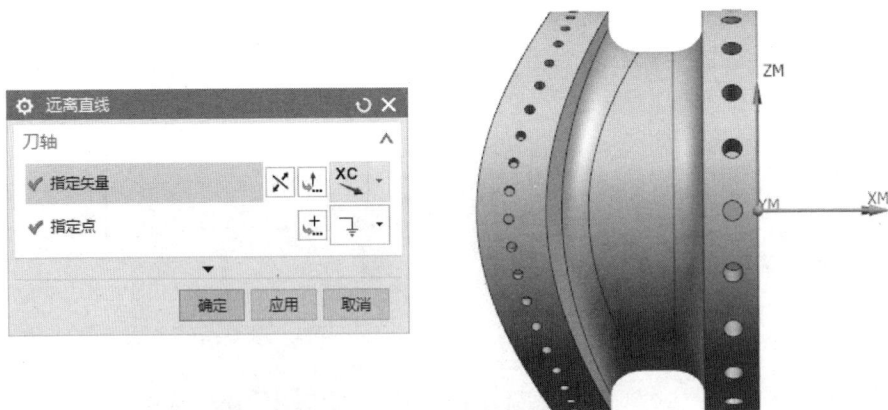

图 2-83　设置远离直线参数

（5）单击【切削参数】按钮 ，系统弹出【切削参数】对话框，在【余量】选项卡的【余量】选项组中，设置【部件余量】为 0.05，单击【确定】按钮，如图 2-84 所示。

图 2-84 设置部件余量

（6）单击【进给率和速度】按钮，系统弹出【进给率和速度】对话框，在【主轴速度】选项组中，勾选【主轴速度（rpm）】复选框，并设置【主轴速度（rpm）】为 5500；在【进给率】选项组中，设置【切削】为 3500mmpm，单击【计算】按钮，单击【确定】按钮，如图 2-85 所示。

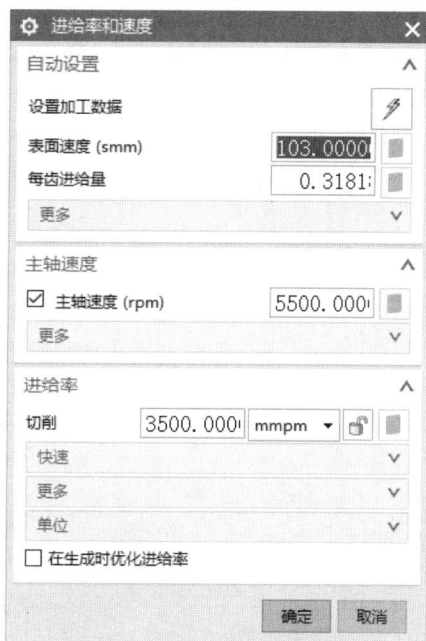

图 2-85 设置进给率和速度参数

（7）返回【可变流线铣】对话框，单击【生成】按钮，系统自动生成半精刀路，单击【确定】按钮。生成的半精刀路如图 2-86 所示。

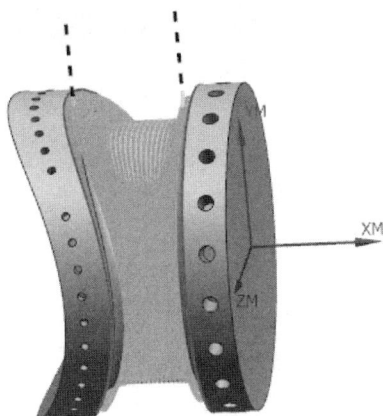

图 2-86 生成的半精刀路

2.4.10 创建精 1 程序

（1）在【插入】工具条中单击【创建工序】按钮 👪 ，系统弹出【创建工序】对话框，设置【类型】为【mill_multi-axis】，在【工序子类型】选项组中单击【可变流线铣】按钮，在【位置】选项组中根据需要进行参数设置，单击【确定】按钮，如图 2-87 所示。

（2）系统弹出【可变流线铣】对话框，在【驱动方法】选项组中，设置【方法】为【曲面】；在【工具】选项组中，设置【刀具】为【D6R3】；在【刀轴】选项组中，设置【轴】为【远离直线】，如图 2-88 所示。

图 2-87 创建工序

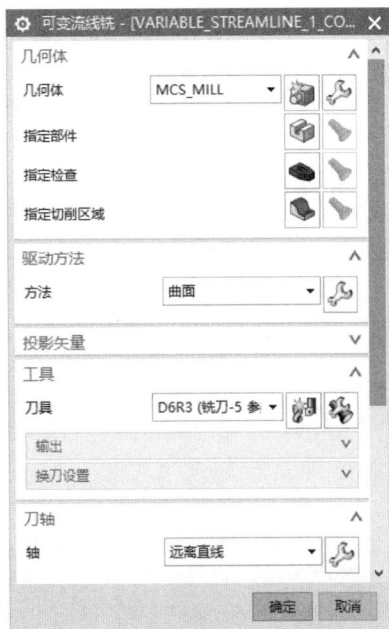

图 2-88 设置可变流线铣参数

（3）单击【驱动方法】选项组中的【方法】选项右侧的 按钮，系统弹出【曲面区域驱动方法】对话框，单击【指定驱动几何体】按钮 ，系统弹出【驱动几何体】对话框，设置【选择对象】为片体 A，单击【确定】按钮，如图 2-89 所示；在【驱动设置】选项组中，设置【切削模式】为【螺旋】、【步距】为【数量】、【步距数】为【150】，单击【确定】按钮，如图 2-90 所示。

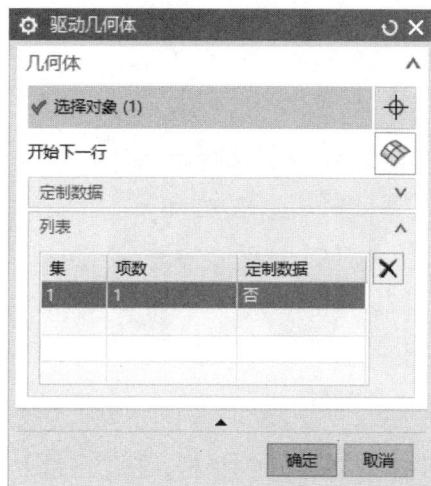

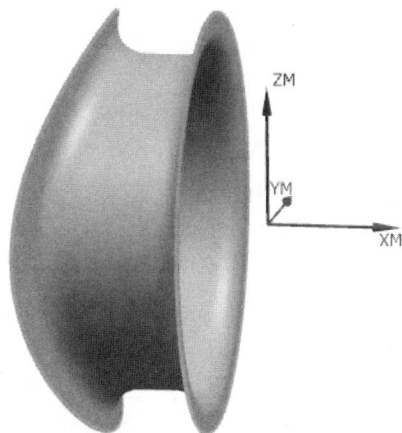

图 2-89　指定驱动几何体

图 2-90　设置曲面区域驱动方法

（4）单击【刀轴】选项组中的【轴】选项右侧的 ⚙ 按钮，系统弹出【远离直线】对话框，设置【指定矢量】为 xc ·、【指定点】为坐标系的原点，单击【确定】按钮，如图 2-91 所示。

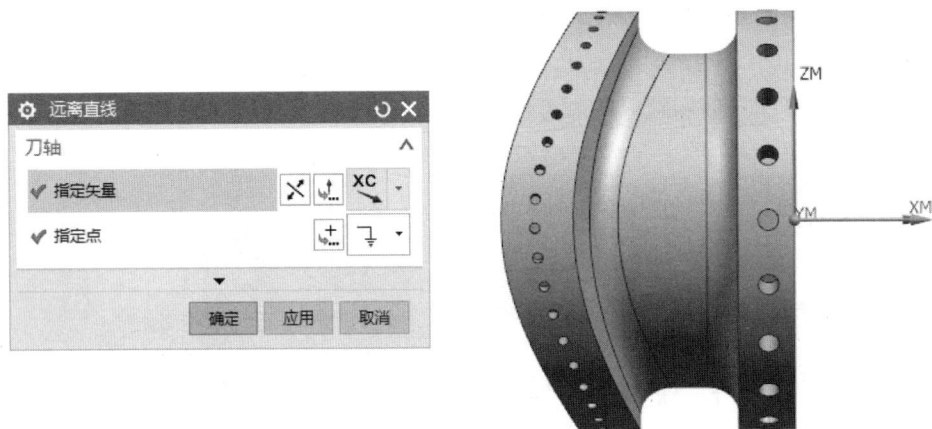

图 2-91　设置远离直线参数

（5）单击【切削参数】按钮 ⬚，系统弹出【切削参数】对话框，在【余量】选项卡的【余量】选项组中，设置【部件余量】为 0，单击【确定】按钮，如图 2-92 所示。

图 2-92　设置部件余量

（6）单击【进给率和速度】按钮 🐝，系统弹出【进给率和速度】对话框，在【主轴速度】选项组中，勾选【主轴速度（rpm）】复选框，并设置【主轴速度（rpm）】为 6500；在【进给率】选项组中，设置【切削】为 3000mmpm，单击【计算】按钮 🖩，单击【确定】按钮，如图 2-93 所示。

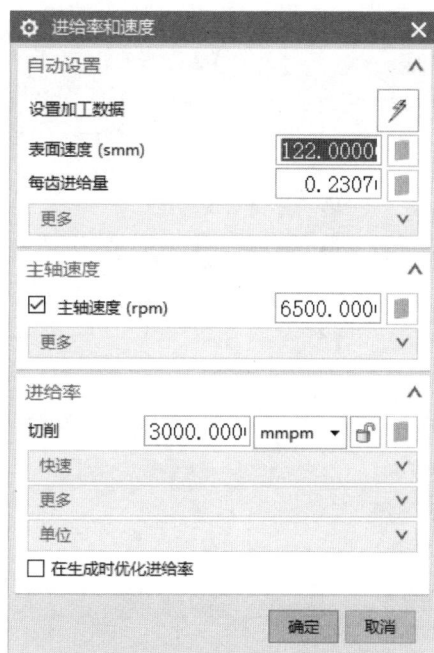

图 2-93　设置进给率和速度参数

（7）返回【可变流线铣】对话框，单击【生成】按钮![icon]，系统自动生成精 1 刀路，单击【确定】按钮。生成的精 1 刀路如图 2-94 所示。

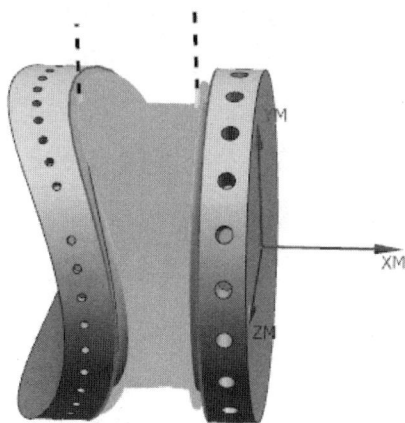

图 2-94　生成的精 1 刀路

2.4.11　创建精 2 程序

（1）在【插入】工具条中单击【创建工序】按钮![icon]，系统弹出【创建工序】对话框，设置【类型】为【mill_contour】，在【工序子类型】选项组中单击【深度轮廓加工】按钮![icon]，单击【确定】按钮，如图 2-95 所示。

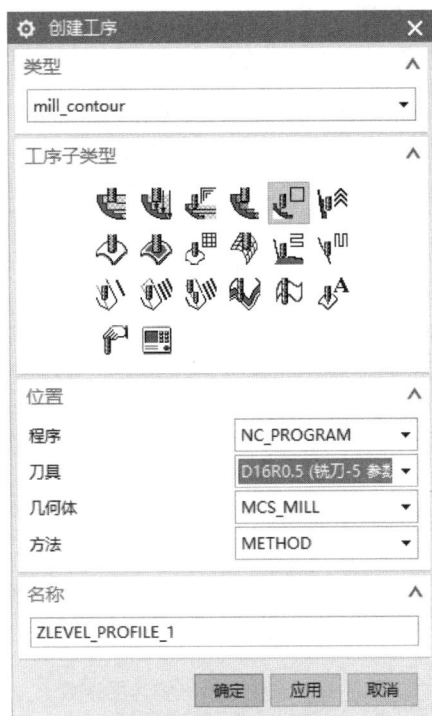

图 2-95　创建工序

（2）系统弹出【深度轮廓加工】对话框，单击【指定切削区域】按钮 ，系统弹出
【切削区域】对话框，设置【选择对象】为工件左侧曲面，单击【确定】按钮，如图 2-96
所示；单击【指定部件】按钮 ，系统弹出【部件几何体】对话框，设置【选择对象】为
工件，单击【确定】按钮，如图 2-97 所示。在【刀轨设置】选项组中，设置【最大距离】
为 0.1mm；在【工具】选项组中，设置【刀具】为【D16R0.5】，如图 2-98 所示。

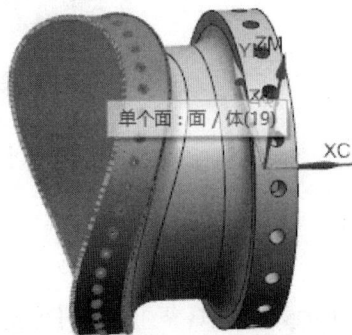

图 2-96　指定切削区域

图 2-97　指定部件

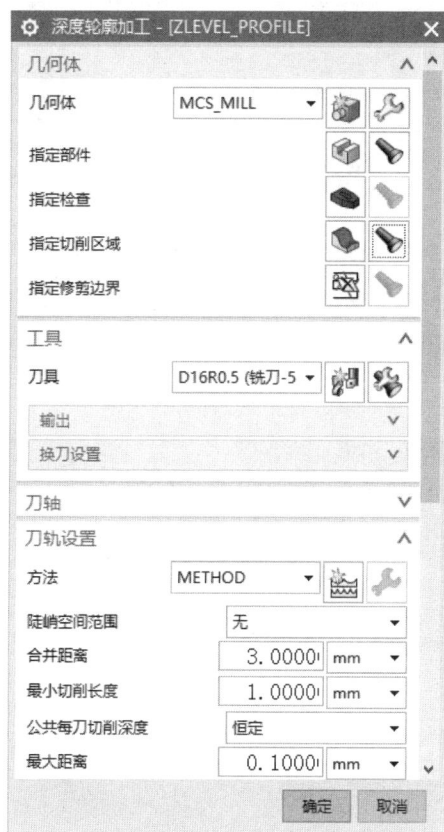

图 2-98　设置深度轮廓加工参数

（3）单击【切削层】按钮 ，系统弹出【切削层】对话框，设置【范围类型】为【用户定义】、【最大距离】为 0.1mm，按回车键，系统自动选取定义栏，设置【范围深度】为 40，单击【确定】按钮，如图 2-99 所示。

图 2-99　设置切削层参数

（4）单击【切削参数】按钮，系统弹出【切削参数】对话框，在【策略】选项卡的【切削】选项组中，设置【切削方向】为【混合】、【切削顺序】为【始终深度优先】；在【连接】选项卡的【层之间】选项组中，设置【层到层】为【直接对部件进刀】，单击【确定】按钮，如图 2-100 所示。

图 2-100　设置切削参数

（5）单击【非切削移动】按钮，系统弹出【非切削移动】对话框，在【进刀】选项卡的【封闭区域】选项组中，设置【进刀类型】为【与开放区域相同】；在【开放区域】选项组中，设置【进刀类型】为【圆弧】、【半径】为【刀具百分比的 20】、【高度】为 0.5mm，单击【确定】按钮，如图 2-101 所示。

（6）单击【进给率和速度】按钮，系统弹出【进给率和速度】对话框，在【主轴速度】选项组中，勾选【主轴速度（rpm）】复选框，并设置【主轴速度（rpm）】为 6500；在【进给率】选项组中，设置【切削】为 3000mmpm，单击【计算】按钮，单击【确定】按钮，如图 2-102 所示。

非切削移动				进给率和速度	
转移/快速	避让	更多		自动设置	
进刀	退刀	起点/钻点		设置加工数据	
封闭区域		∧		表面速度 (smm)	326.0000
进刀类型	与开放区域相同 ▼			每齿进给量	0.2307
开放区域		∧		更多	
进刀类型	圆弧 ▼			主轴速度	
半径	20.0000 刀具百 ▼			☑ 主轴速度 (rpm)	6500.000
圆弧角度	90.0000			更多	
高度	0.5000 mm ▼			进给率	
最小安全距离	30.0000 刀具百 ▼			切削	3000.000 mmpm
☑ 修剪至最小安全距离				快速	
☐ 在圆弧中心处开始				更多	
初始封闭区域		∧		单位	
进刀类型	与封闭区域相同 ▼			☐ 在生成时优化进给率	
确定	取消			确定	取消

图 2-101　设置进刀参数　　　　　　　　图 2-102　设置进给率和速度参数

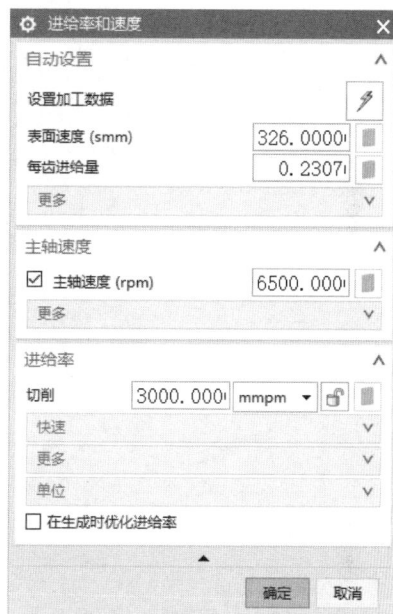

（7）返回【深度轮廓加工】对话框，单击【生成】按钮，系统自动生成精 2 刀路，单击【确定】按钮。生成的精 2 刀路如图 2-103 所示。

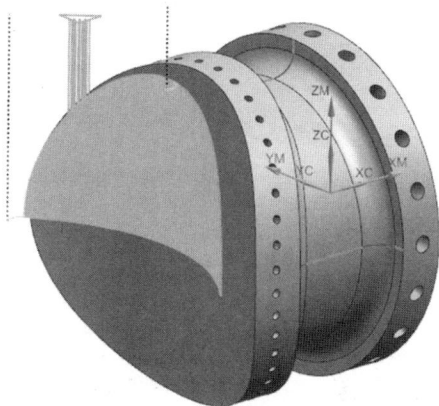

图 2-103　生成的精 2 刀路

2.4.12　创建精 3 程序

（1）在【插入】工具条中单击【创建工序】按钮 ，系统弹出【创建工序】对话框，设置【类型】为【mill_contour】，在【工序子类型】选项组中单击【深度轮廓加工】按钮，单击【确定】按钮，如图 2-104 所示。

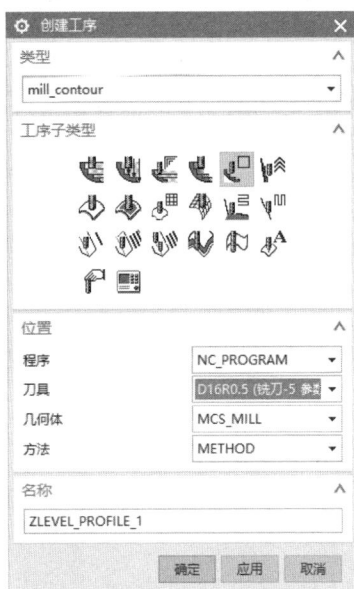

图 2-104　创建工序

（2）系统弹出【深度轮廓加工】对话框，单击【指定切削区域】按钮 ，系统弹出【切削区域】对话框，设置【选择对象】为工件左侧曲面，单击【确定】按钮，如图 2-105 所示；单击【指定部件】按钮 ，系统弹出【部件几何体】对话框，设置【选择对象】为工件，单击【确定】按钮，如图 2-106 所示。在【刀轨设置】选项组中，设置【最大距离】为 0.1mm；在【工具】选项组中，设置【刀具】为【D16R0.5】，如图 2-107 所示。

图 2-105　指定切削区域

图 2-106　指定部件

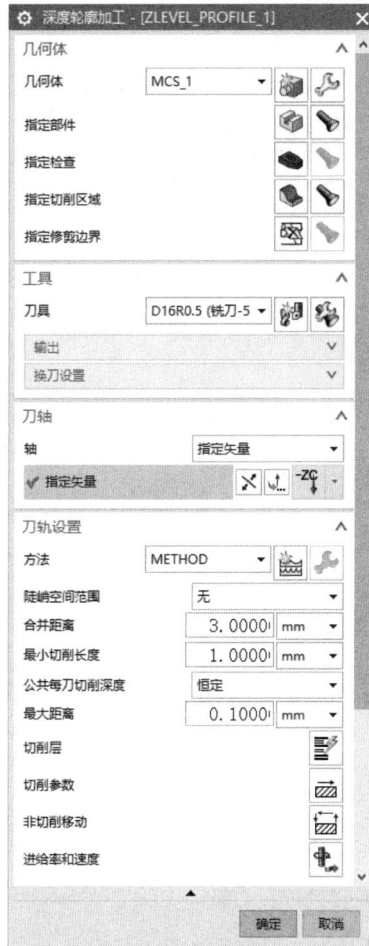

图 2-107　设置深度轮廓加工参数

（3）单击【切削层】按钮📋，系统弹出【切削层】对话框，设置【范围类型】为【用

户定义】、【最大距离】为 0.1mm，按回车键，系统自动选取定义栏，设置【范围深度】为
40，单击【确定】按钮，如图 2-108 所示。

图 2-108　设置切削层参数

（4）单击【切削参数】按钮，系统弹出【切削参数】对话框，在【策略】选项卡的
【切削】选项组中，设置【切削方向】为【混合】、【切削顺序】为【始终深度优先】；在【连
接】选项卡的【层之间】选项组中，设置【层到层】为【直接对部件进刀】，单击【确定】
按钮，如图 2-109 所示。

图 2-109　设置切削参数

（5）单击【非切削移动】按钮 ，系统弹出【非切削移动】对话框，在【进刀】选项卡的【封闭区域】选项组中，设置【进刀类型】为【与开放区域相同】；在【开放区域】选项组中，设置【进刀类型】为【圆弧】、【半径】为【刀具百分比的 20】、【高度】为 0.5mm，单击【确定】按钮，如图 2-110 所示。

（6）单击【进给率和速度】按钮 ，系统弹出【进给率和速度】对话框，在【主轴速度】选项组中，勾选【主轴速度（rpm）】复选框，并设置【主轴速度（rpm）】为 6500；在【进给率】选项组中，设置【切削】为 2500mmpm，单击【计算】按钮 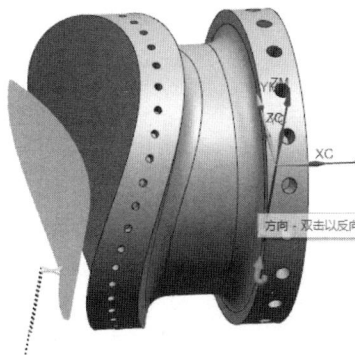，单击【确定】按钮，如图 2-111 所示。

图 2-110　设置进刀参数　　　　　图 2-111　设置进给率和速度参数

（7）返回【深度轮廓加工】对话框，单击【生成】按钮，系统自动生成精 3 刀路，单击【确定】按钮。生成的精 3 刀路如图 2-112 所示。

图 2-112　生成的精 3 刀路

2.4.13　创建钻孔 1 程序

（1）在【插入】工具条中单击【创建工序】按钮 ，系统弹出【创建工序】对话框，设置【类型】为【drill】，在【工序子类型】选项组中单击【钻孔】按钮 ，如图 2-113 所示。

图 2-113　创建工序

（2）系统弹出【钻孔】对话框，单击【指定孔】按钮 ，系统弹出【点到点几何体】对话框，单击【选择】按钮，单击【面上所有孔】按钮，选择左侧带孔的圆柱面，单击【确定】按钮。在【点到点几何体】对话框中，依次单击【优化】按钮、【最短轨道】按钮、【优化】按钮、【接受】按钮、【优化】按钮。

在【钻孔】对话框的【工具】选项组中，设置【刀具】为【ZT2（钻刀）】；在【循环类型】选项组中，设置【循环】为【标准钻，深孔】；在【刀轴】选项组中，设置【轴】为【垂直于部件表面】，如图 2-114 所示。

（3）单击【循环类型】选项组中的【循环】选项右侧的 按钮，系统弹出【指定参数组】对话框，单击【确定】按钮，系统弹出【Cycle 参数】对话框，单击【Depth-模型深度】按钮，系统弹出【Cycle 深度】对话框，单击【刀尖深度】按钮，设置【深度】为 3，单击【确定】按钮，在【Step #1】文本框中输入【0.5】，单击【确定】按钮，系统弹出【Cycle 深度】对话框，单击【确定】按钮，系统返回【钻孔】对话框，如图 2-115 所示。

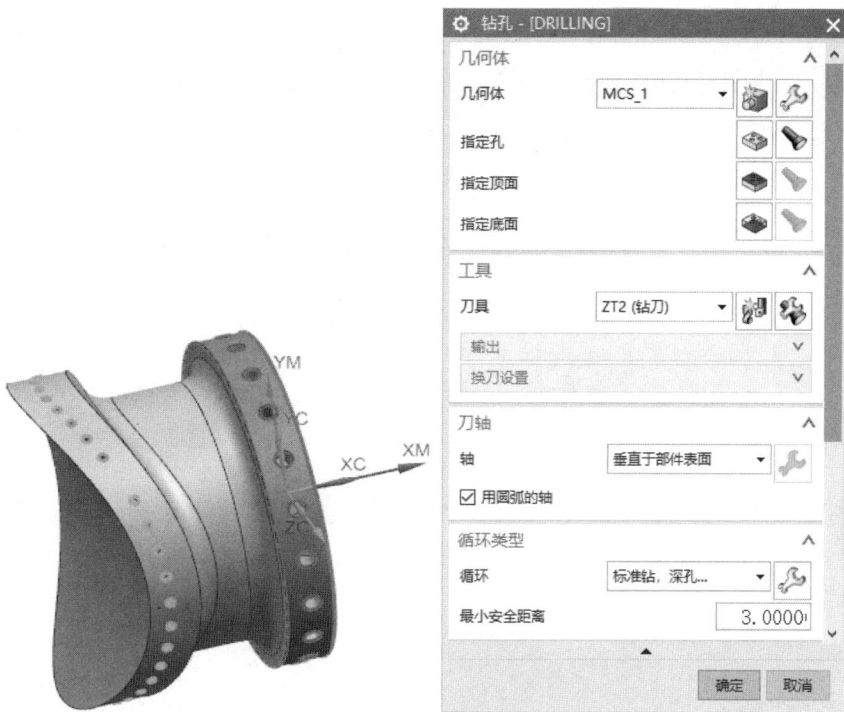

图 2-114   设置钻孔参数

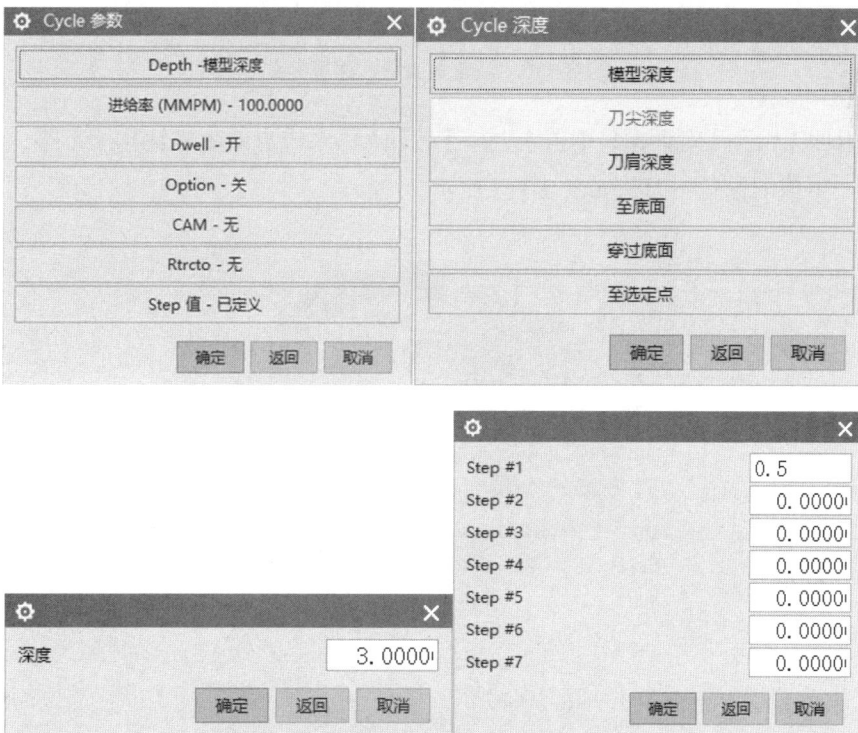

图 2-115   设置【标准钻，深孔】参数

（4）单击【进给率和速度】按钮，系统弹出【进给率和速度】对话框，在【主轴速度】选项组中，勾选【主轴速度（rpm）】复选框，并设置【主轴速度（rpm）】为1200；在【进给率】选项组中，设置【切削】为100mmpm，单击【计算】按钮，单击【确定】按钮，如图2-116所示。

图2-116　设置进给率和速度参数

（5）返回【钻孔】对话框，单击【生成】按钮，系统自动生成钻孔1刀路，单击【确定】按钮。生成的钻孔1刀路如图2-117所示。

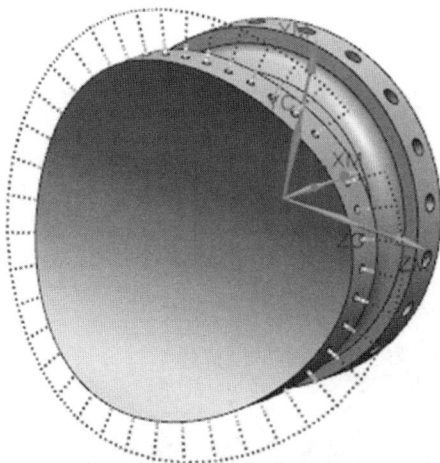

图2-117　生成的钻孔1刀路

2.4.14　创建钻孔 2 程序

（1）在【插入】工具条中单击【创建工序】按钮 ，系统弹出【创建工序】对话框，设置【类型】为【drill】，在【工序子类型】选项组中单击【钻孔】按钮 ，如图 2-118 所示。

图 2-118　创建工序

（2）系统弹出【钻孔】对话框，单击【指定孔】按钮 ，系统弹出【点到点几何体】对话框，单击【选择】按钮，单击【面上所有孔】按钮，选择左侧带孔的圆柱面，单击【确定】按钮。在【点到点几何体】对话框中，依次单击【优化】按钮、【最短轨道】按钮、【优化】按钮、【接受】按钮、【优化】按钮。

在【钻孔】对话框的【工具】选项组中，设置【刀具】为【ZT4（钻刀）】；在【循环类型】选项组中，设置【循环】为【标准钻，深孔】；在【刀轴】选项组中，设置【轴】为【垂直于部件表面】，如图 2-119 所示。

（3）单击【循环类型】选项组中的【循环】选项右侧的 按钮，系统弹出【指定参数组】对话框，单击【确定】按钮，系统弹出【Cycle 参数】对话框，单击【Depth-模型深度】按钮，系统弹出【Cycle 深度】对话框，单击【刀尖深度】按钮，设置【深度】为 7.5，单击【确定】按钮，在【Step #1】文本框中输入【0.5】，单击【确定】按钮，系统弹出【Cycle 深度】对话框，单击【确定】按钮，系统返回【钻孔】对话框，如图 2-120 所示。

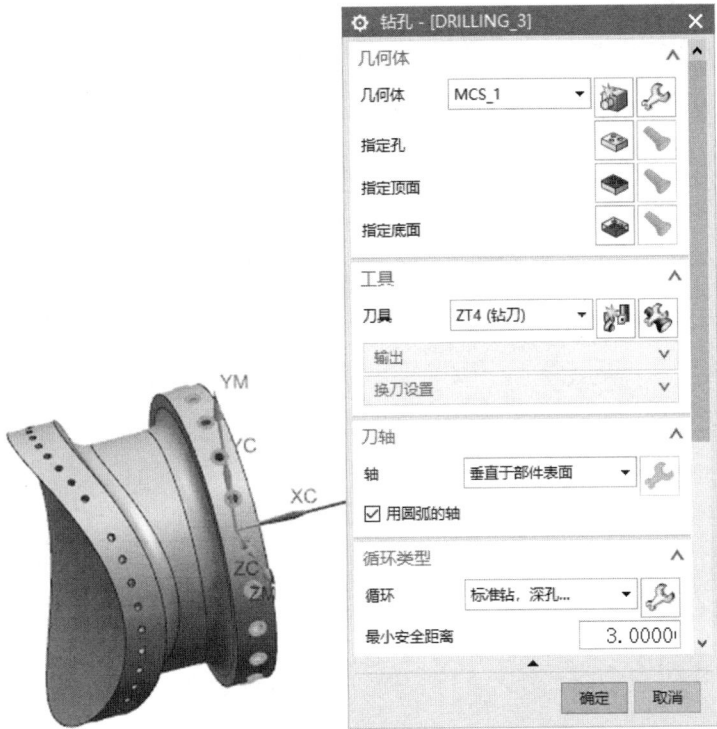

图 2-119　设置钻孔参数

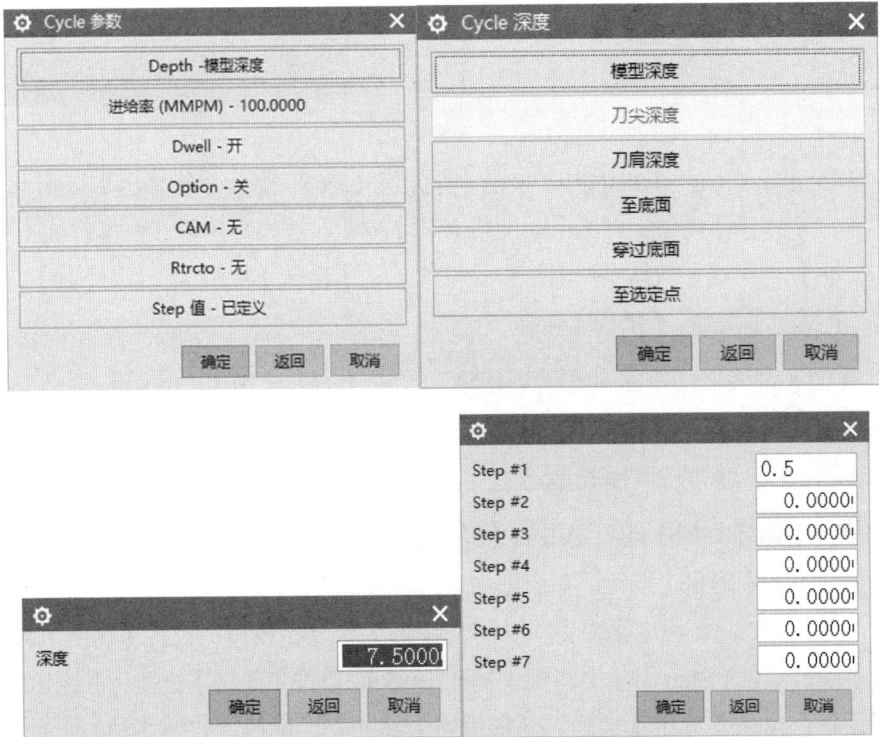

图 2-120　设置【标准钻，深孔】参数

（4）单击【进给率和速度】按钮，系统弹出【进给率和速度】对话框，在【主轴速度】选项组中，勾选【主轴速度（rpm）】复选框，并设置【主轴速度（rpm）】为1200；在【进给率】选项组中，设置【切削】为100mmpm，单击【计算】按钮，单击【确定】按钮，如图 2-121 所示。

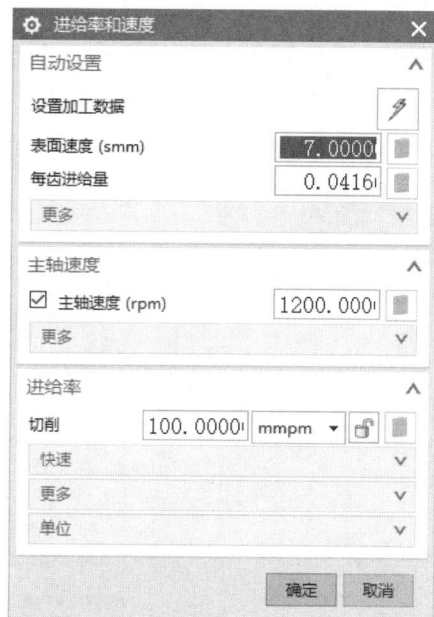

图 2-121　设置进给率和速度参数

（5）返回【钻孔】对话框，单击【生成】按钮，系统自动生成钻孔 2 刀路，单击【确定】按钮。生成的钻孔 2 刀路如图 2-122 所示。

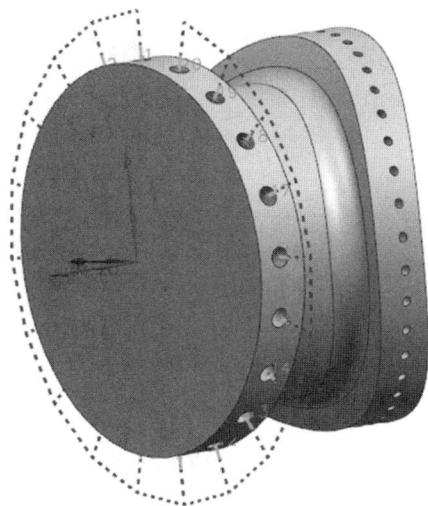

图 2-122　生成的钻孔 2 刀路

2.5 使用 UG 进行刀路检查

对于多个工位的刀路检查，建议采用 3D 动态方式，以便观察加工结果图的旋转与平移效果。

在导航器中展开各刀路操作，先选择第 1 个刀路操作，然后按住 Shift 键的同时选择最后 1 个刀路操作。在主页的工具条中单击 按钮，系统弹出如图 2-123 所示的【刀轨可视化】对话框，打开【3D 动态】选项卡，单击【播放】按钮。

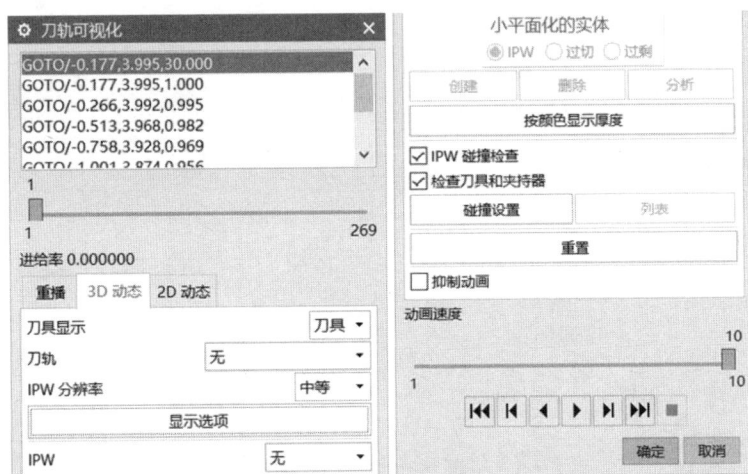

图 2-123 【刀轨可视化】对话框

刀路模拟过程如图 2-124 所示。

图 2-124 刀路模拟过程

2.6　后处理

本项目实例将在 XYZA 四轴机床上操作，加工坐标系的原点位于 Y 轴和 Z 轴旋转轴相交处。

在程序顺序视图🖧中，选择【开粗】程序组，在主页的工具条中单击🖥按钮，系统弹出【后处理】对话框，选择【KND4-axis】后处理器，单击【应用】按钮，如图 2-125 所示。

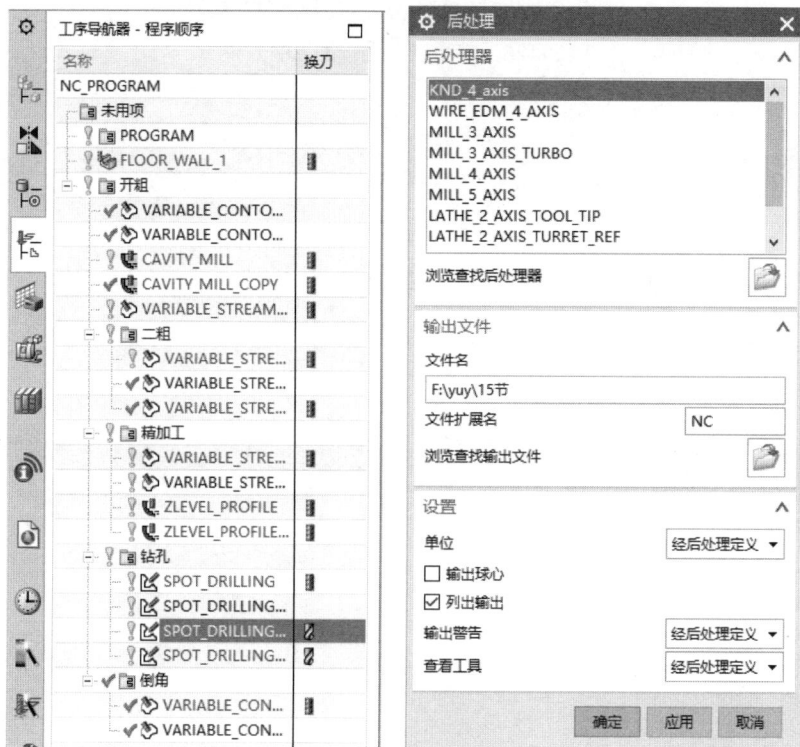

图 2-125　后处理

同理，对其他程序组进行后处理。后处理完成后，在主页的工具条中单击【保存】按钮🖫，将图档存盘。

2.7　使用机床进行加工

使用机床进行加工的效果如图 2-126 所示。

图 2-126 使用机床进行加工的效果

2.8 本项目小结

本项目主要讲解了变距滚轮的数控编程与加工实例。

本项目的重点与难点：

（1）刀轴的远离直线参数的设置；

（2）使用【通过曲面网格】按钮生成曲面的方法；

（3）刀具的创建。

亚历山大头像的数控编程与加工

本项目内容如下。

- 3.1 知识点和学习方法；

- 3.2 加工工艺制定；

- 3.3 编程前期准备；

- 3.4 亚历山大头像程序编制；

- 3.5 使用 UG 进行刀路检查；

- 3.6 后处理；

- 3.7 本项目小结。

3.1 知识点和学习方法

通过学习亚历山大头像的数控编程与加工实例，读者可以掌握多轴数控加工工艺的制定、加工坐标系的创建、刀轴的指定矢量参数的设置、垂直于驱动体参数的设置和曲面区域驱动参数的设置，以及刀具的创建等。

3.2 加工工艺制定

1. 图纸分析

打开图档 YLSD1，执行【启动】|【制图】命令，进入 2D 工程图界面。零件工程图如图 3-1 所示。该零件的材料为铝合金，外围表面的粗糙度为 $Ra6.3\mu m$，全部尺寸的公差为 ± 0.05mm。

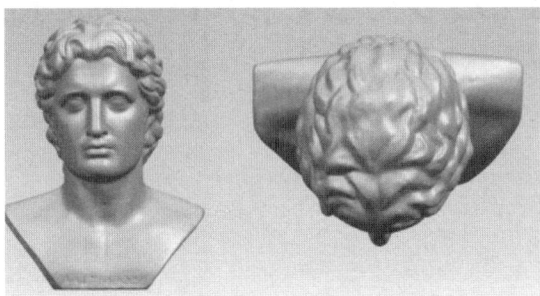

图 3-1 零件工程图

2. 加工工艺分析

下料：毛坯采用大小为 $\varPhi90mm×113mm$ 的棒料，材料为铝合金。

三轴数控铣在底座上钻孔：采用专用工装装夹，上紧螺钉。

五轴数控铣开粗：加工亚历山大头像右半部分，余量为 0.5mm。

五轴数控铣开粗：加工亚历山大头像左半部分，余量为 0.5mm。

五轴数控铣半粗加工：加工亚历山大头像，余量为 0.3mm。

五轴数控铣半精加工：加工亚历山大头像，余量为 0.1mm。

五轴数控铣精加工：加工亚历山大头像，无余量。

五轴数控铣切削底座：将亚历山大头像的底面与底座切断。亚历山大头像零件图如图 3-2 所示。

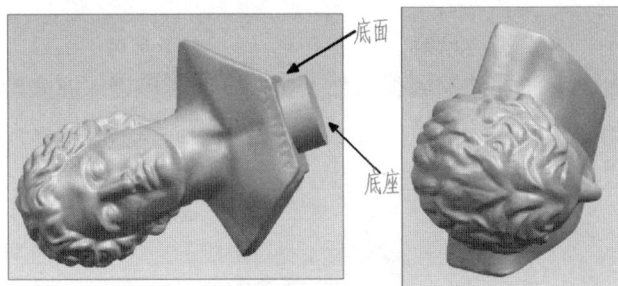

图 3-2 亚历山大头像零件图

3. 工序

工序如图 3-3 所示。

名称	刀轨	刀具	刀具号	时间	几
NC_PROGRAM				06:48:45	
🗀 未用项				00:00:00	
+ ✔🗀 CU				01:41:40	
+ ✔🗀 CU1				00:37:46	
+ ✔🗀 BANJING				01:59:01	
+ ✔🗀 JING				02:27:21	
+ ✔🗀 QIEDUAN				00:02:57	

图 3-3　工序

3.3　编程前期准备

单击标准工具条中的【应用模块】｜【加工】按钮，切换到【加工】工作状态，选择【mill_multi-axis】多轴铣削模板，单击【确定】按钮，进入加工环境。

3.3.1　创建加工坐标系

在几何视图 中，创建加工坐标系，加工坐标系为建模绝对坐标系，将安全高度设置为距离顶面 30mm，其余参数设置如图 3-4 所示。

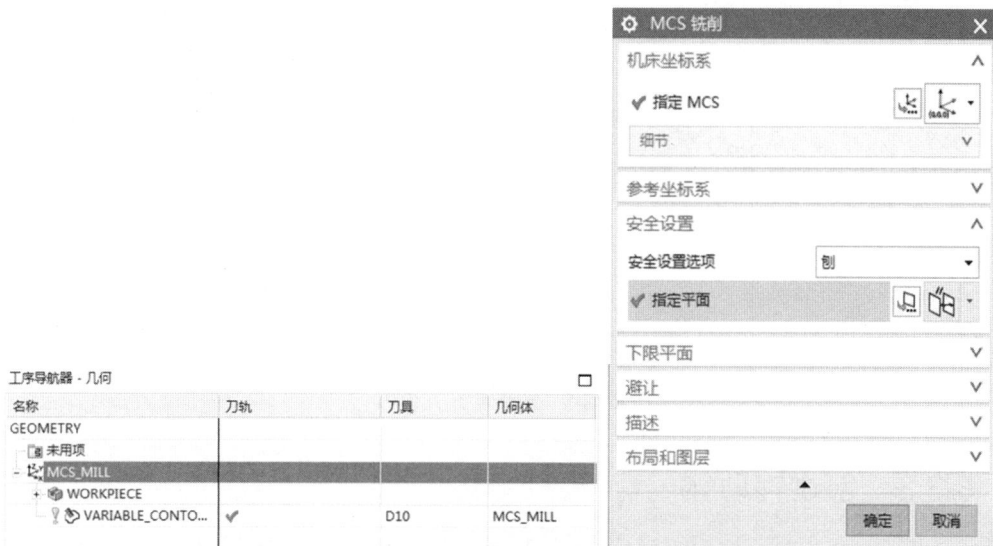

图 3-4　创建加工坐标系

图 3-4　创建加工坐标系（续）

3.3.2　定义毛坯几何体

双击工序导航器中的【WORKPIECE】选项，弹出【工件】对话框，在该对话框中设置【指定部件】为亚历山大头像、【指定毛坯】为圆柱体毛坯，如图 3-5 所示。

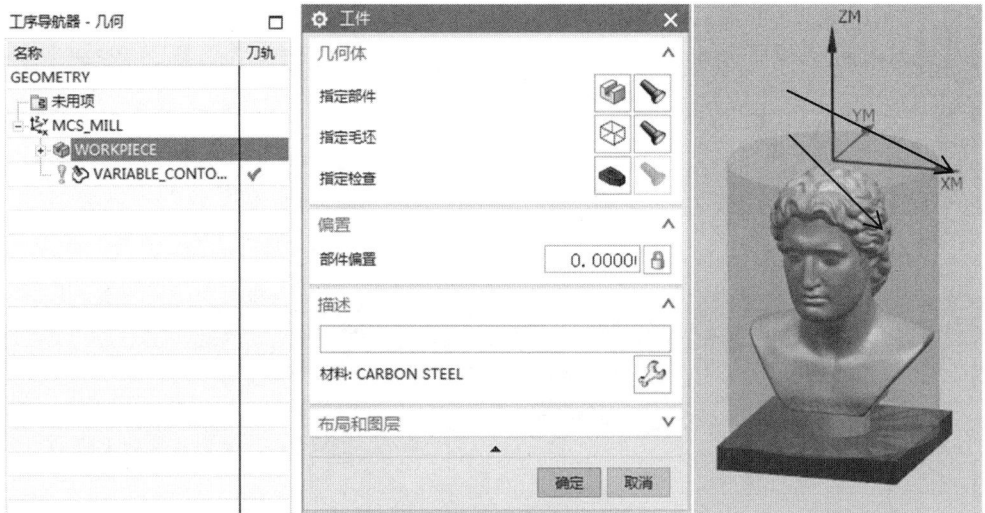

图 3-5　定义毛坯几何体

3.3.3　创建辅助体

创建工件辅助体和底座辅助体，如图 3-6 所示。

图 3-6　创建工件辅助体和底座辅助体

3.3.4　创建刀具

在机床视图 中，单击【插入】工具条中的【创建刀具】按钮，系统弹出【创建刀具】对话框，创建刀具，如图 3-7 所示。

图 3-7　创建刀具

3.3.5　创建程序组

在程序顺序视图 中，单击【创建程序组】按钮 ，创建程序组，如图 3-8 所示。

工序导航器 - 程序顺序

名称	刀轨	刀具	刀具号	时间	几何体
NC_PROGRAM				01:44:10	
未用项				00:00:00	
CU				00:57:49	
CU1				00:41:57	
BANJING				00:00:12	
JING				00:00:12	
QIEDUAN				00:04:00	

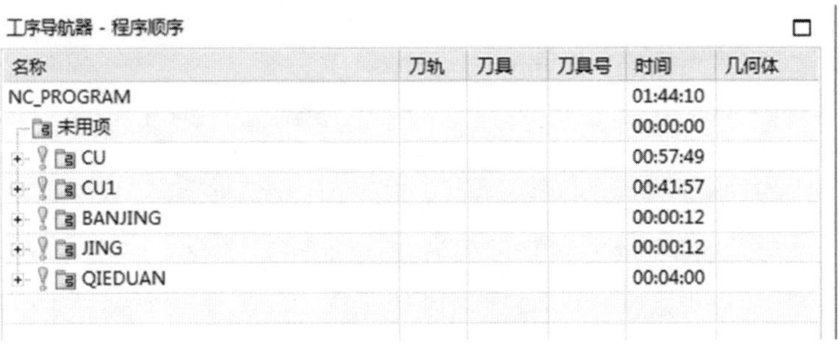

图 3-8　创建程序组

3.4　亚历山大头像程序编制

本节要求在 D 盘根目录下建立文件夹 CH3，将图档 CH03 复制到该文件夹中，打开图档 CH03 进行编程，生成合理的刀路，检查并优化刀路。

3.4.1　创建右半部分粗加工程序

（1）在【插入】工具条中单击【创建工序】按钮，系统弹出【创建工序】对话框，设置【类型】为【mill_contour】，在【工序子类型】选项组中单击【型腔铣】按钮，在【位置】选项组中根据需要进行参数设置，单击【确定】按钮，如图 3-9 所示。

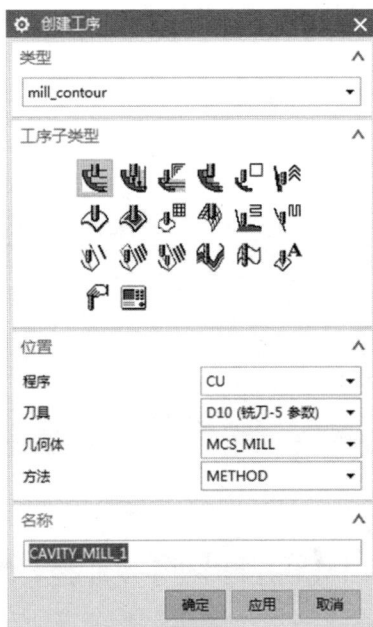

图 3-9　创建工序

（2）系统弹出【型腔铣】对话框，在【工具】选项组中，设置【刀具】为【D12】；在【刀轴】选项组中，设置【轴】为【指定矢量】；在【几何体】选项组中，设置【几何体】为【WORKPIECE】，单击【指定检查】按钮，系统弹出【检查几何体】对话框，指定检查几何体，如图 3-10 所示。

图 3-10　设置几何体、工具和刀轴

（3）在【刀轨设置】选项组中，设置【切削模式】为【跟随周边】、【步距】为【刀具平直百分比】、【平面直径百分比】为 50、【最大距离】为 0.6mm，如图 3-11 所示。

图 3-11　定义刀轨设置参数

（4）单击【切削层】按钮，系统弹出【切削层】对话框，设置【范围类型】为【用户定义】、【最大距离】为 0.6mm，按回车键，系统自动选取定义栏，设置【范围深度】为45，单击【确定】按钮，如图 3-12 所示。

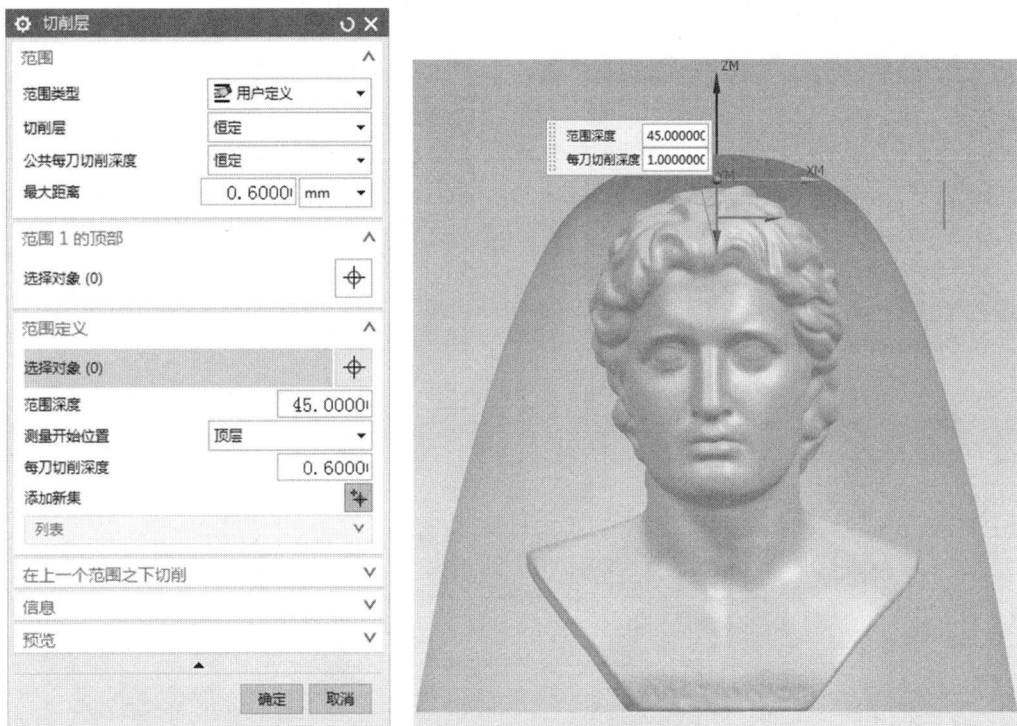

图 3-12　设置切削层参数

（5）单击【切削参数】按钮，系统弹出【切削参数】对话框，在【策略】选项卡中，设置【切削方向】为【顺铣】、【切削顺序】为【层优先】、【刀路方向】为【向外】；在【余量】选项卡的【余量】选项组中，勾选【使底面余量与侧面余量一致】复选框，设置【部件侧面余量】为 0.5，在【公差】选项组中，设置【内公差】和【外公差】均为 0.03，单击【确定】按钮，如图 3-13 所示。

（6）单击【非切削移动】按钮，系统弹出【非切削移动】对话框，在【转移/快速】选项卡的【安全设置】选项组中设置【安全设置选项】为【刨】，在【区域内】选项组中设置【转移方式】为【进刀/退刀】，在【区域之间】选项组中设置【转移类型】为【安全距离-刀轴】；在【进刀】选项卡的【封闭区域】选项组中设置【进刀类型】为【螺旋】、【直径】为【刀具百分比的 90】、【斜坡角】为 1、【高度】为 1mm、【高度起点】为【前一层】、【最小安全距离】为 0、【最小斜面长度】为【刀具百分比的 70】，在【开放区域】选项组中设置【进刀类型】为【圆弧】、【半径】为【刀具百分比的 50】、【圆弧角度】为 90、【高度】为 3mm、【最小安全距离】为【刀具百分比的 50】，勾选【修剪至最小安全距离】复选框，

118

单击【确定】按钮，如图 3-14 所示。

图 3-13　设置切削参数

图 3-14　设置非切削移动参数

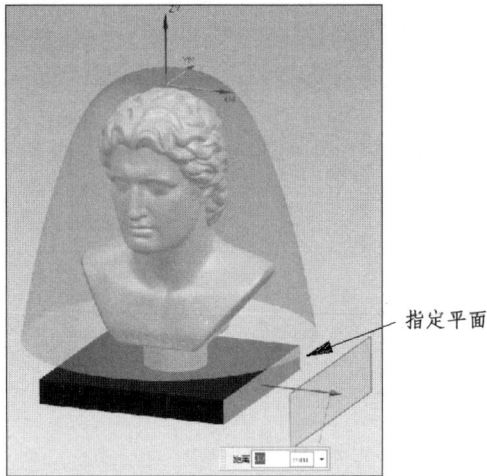

图 3-14　设置非切削移动参数（续）

（7）单击【进给率和速度】按钮，系统弹出【进给率和速度】对话框，在【主轴速度】选项组中，勾选【主轴速度（rpm）】复选框，并设置【主轴速度（rpm）】为 6000；在【进给率】选项组中，设置【切削】为 2000mmpm；单击【更多】右侧的下拉按钮，设置【进刀】为 1000mmpm、【第一刀切削】为【切削百分比的 100】、【步进】为【切削百分比的 100】、【移刀】为 5000mmpm、【退刀】为【切削百分比的 100】，单击【计算】按钮，单击【确定】按钮，如图 3-15 所示。

图 3-15　设置进给率和速度参数

（8）返回【型腔铣】对话框，单击【生成】按钮 ，系统自动生成右半部分粗加工刀路，单击【确定】按钮。生成的右半部分粗加工刀路如图 3-16 所示。

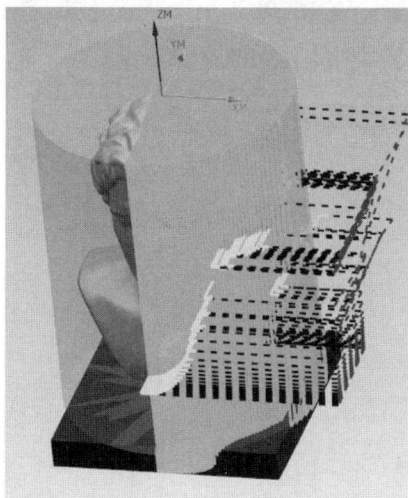

图 3-16　生成的右半部分粗加工刀路

3.4.2　创建左半部分粗加工程序

（1）在【插入】工具条中单击【创建工序】按钮 ，系统弹出【创建工序】对话框，设置【类型】为【mill_contour】，在【工序子类型】选项组中单击【型腔铣】按钮 ，在【位置】选项组中根据需要进行参数设置，单击【确定】按钮，如图 3-17 所示。

图 3-17　创建工序

121

（2）系统弹出【型腔铣】对话框，在【工具】选项组中，设置【刀具】为【D12】；在【刀轴】选项组中，设置【轴】为【指定矢量】，并设置【指定矢量】为⊠；在【几何体】选项组中，设置【几何体】为【WORKPIECE】，单击【指定检查】按钮，系统弹出【检查几何体】对话框，指定检查几何体，如图3-18所示。

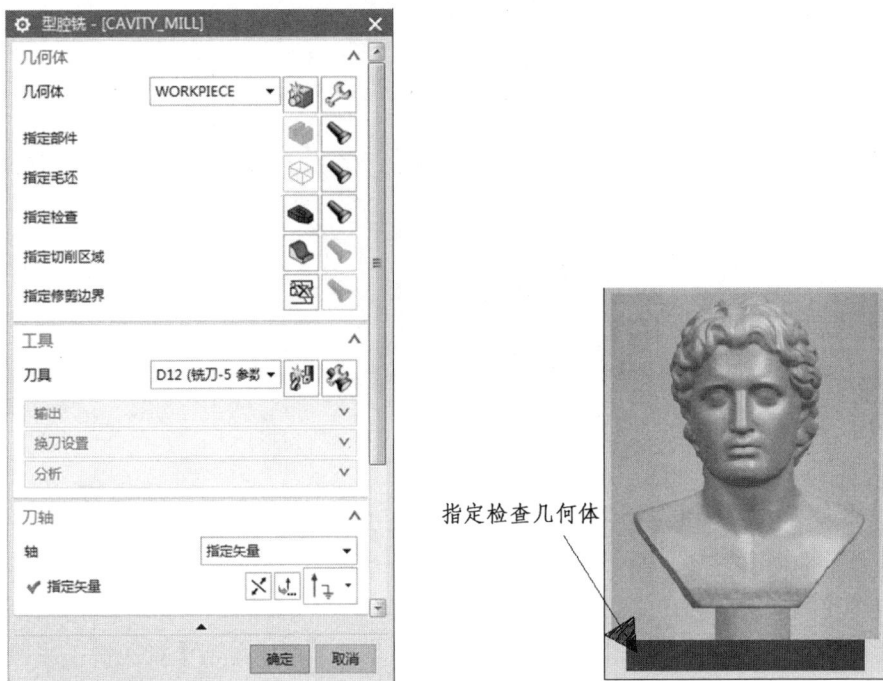

指定检查几何体

图3-18　设置几何体、工具和刀轴

（3）在【刀轨设置】选项组中，设置【切削模式】为【跟随周边】、【步距】为【刀具平直百分比】、【平面直径百分比】为50、【最大距离】为0.6mm，如图3-19所示。

图3-19　定义刀轨设置参数

（4）单击【切削层】按钮 ，系统弹出【切削层】对话框，设置【范围类型】为【用户定义】、【最大距离】为 0.6mm，按回车键，系统自动选取定义栏，设置【范围深度】为 45，单击【确定】按钮，如图 3-20 所示。

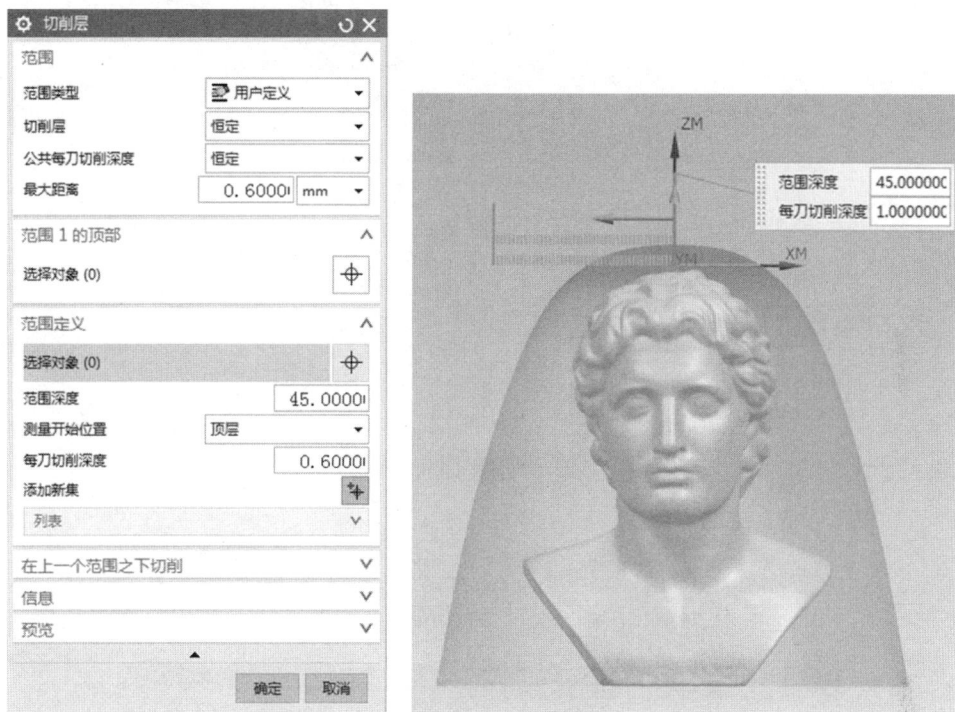

图 3-20　设置切削层参数

（5）单击【切削参数】按钮 ，系统弹出【切削参数】对话框，在【策略】选项卡中，设置【切削方向】为【顺铣】、【切削顺序】为【层优先】、【刀路方向】为【向外】；在【余量】选项卡的【余量】选项组中，勾选【使底面余量与侧面余量一致】复选框，设置【部件侧面余量】为 0.5，在【公差】选项组中，设置【内公差】和【外公差】均为 0.03，单击【确定】按钮，如图 3-21 所示。

（6）单击【非切削移动】按钮 ，系统弹出【非切削移动】对话框，在【转移/快速】选项卡的【安全设置】选项组中设置【安全设置选项】为【刨】，在【区域内】选项组中设置【转移方式】为【进刀/退刀】，在【区域之间】选项组中设置【转移类型】为【安全距离-刀轴】；在【进刀】选项卡的【封闭区域】选项组中设置【进刀类型】为【螺旋】、【直径】为【刀具百分比的 90】、【斜坡角】为 1、【高度】为 1mm、【高度起点】为【前一层】、【最小安全距离】为 0、【最小斜面长度】为【刀具百分比的 70】，在【开放区域】选项组中设置【进刀类型】为【圆弧】、【半径】为【刀具百分比的 50】、【圆弧角度】为 90、【高度】为 3mm、【最小安全距离】为【刀具百分比的 50】，勾选【修剪至最小安全距离】复选框，单击【确定】按钮，如图 3-22 所示。

图 3-21　设置切削参数

图 3-22　设置非切削移动参数

图 3-22　设置非切削移动参数（续）

（7）单击【进给率和速度】按钮，系统弹出【进给率和速度】对话框，在【主轴速度】选项组中，勾选【主轴速度（rpm）】复选框，并设置【主轴速度（rpm）】为 6000；在【进给率】选项组中，设置【切削】为 2000mmpm；单击【更多】右侧的下拉按钮，设置【进刀】为 1000mmpm、【第一刀切削】为【切削百分比的 100】、【步进】为【切削百分比的 100】、【移刀】为 5000mmpm、【退刀】为【切削百分比的 100】，单击【计算】按钮，单击【确定】按钮，如图 3-23 所示。

图 3-23　设置进给率和速度参数

（8）返回【型腔铣】对话框，单击【生成】按钮，系统自动生成左半部分粗加工刀路，单击【确定】按钮。生成的左半部分粗加工刀路如图 3-24 所示。

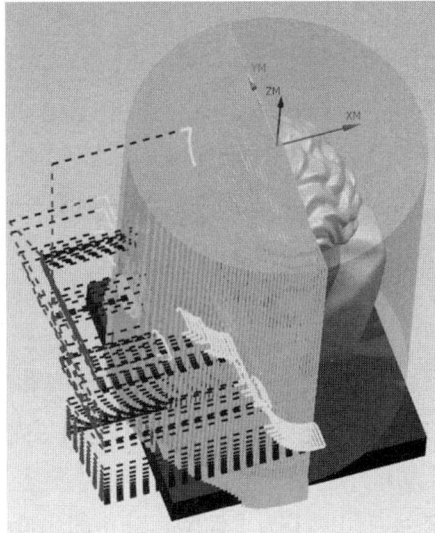

图 3-24　生成的左半部分粗加工刀路

3.4.3　创建第 1 次半精加工程序

（1）在【插入】工具条中单击【创建工序】按钮，系统弹出【创建工序】对话框，设置【类型】为【mill_multi-axis】，在【工序子类型】选项组中单击【可变轮廓铣】按钮，在【位置】选项组中根据需要进行参数设置，单击【确定】按钮，如图 3-25 所示。

图 3-25　创建工序

（2）系统弹出【可变轮廓铣】对话框，在【工具】选项组中设置【刀具】为【R3】，在【投影矢量】选项组中设置【矢量】为【刀轴】，在【刀轴】选项组中设置【轴】为【垂直于驱动体】，在【几何体】选项组中设置【几何体】为【WORKPIECE】。单击【驱动方法】选项组中的【方法】选项右侧的 🔧 按钮，系统弹出【曲面区域驱动方法】对话框，单击【指定驱动几何体】按钮 ◈，系统弹出【驱动几何体】对话框，设置【选择对象】为辅助体，单击【确定】按钮。返回【曲面区域驱动方法】对话框，设置【切削区域】为【曲面%】，单击【确定】按钮，系统弹出【曲面百分比方法】对话框，设置【第一个起点%】为 0、【第一个终点%】为 100、【最后一个起点%】为 0、【最后一个终点%】为 100、【起始步长%】为 0、【结束步长%】为 98，单击【确定】按钮。返回【曲面区域驱动方法】对话框，单击【切削方向】按钮 📭，选择切削方向，单击【确定】按钮，单击【材料反向】按钮 ⊠，设置方向向外，在【驱动设置】选项组中设置【切削模式】为【螺旋】、【步距】为【数量】、【步距数】为 500，单击【确定】按钮，如图 3-26 ～ 图 3-31 所示。

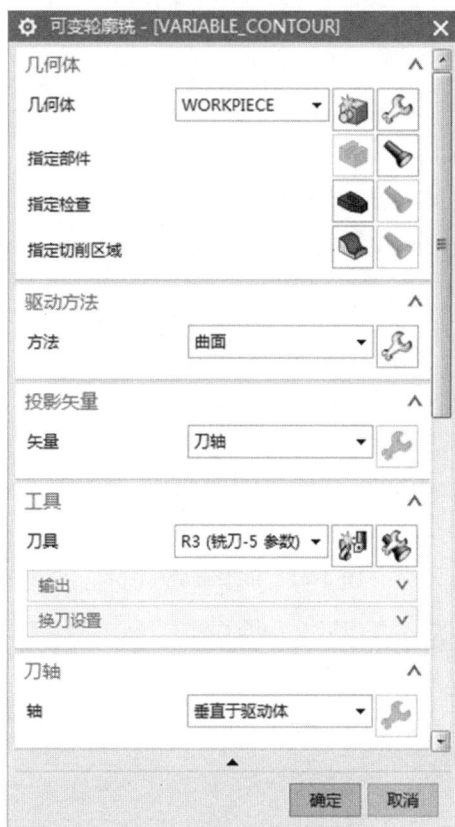

图 3-26 设置可变轮廓铣参数

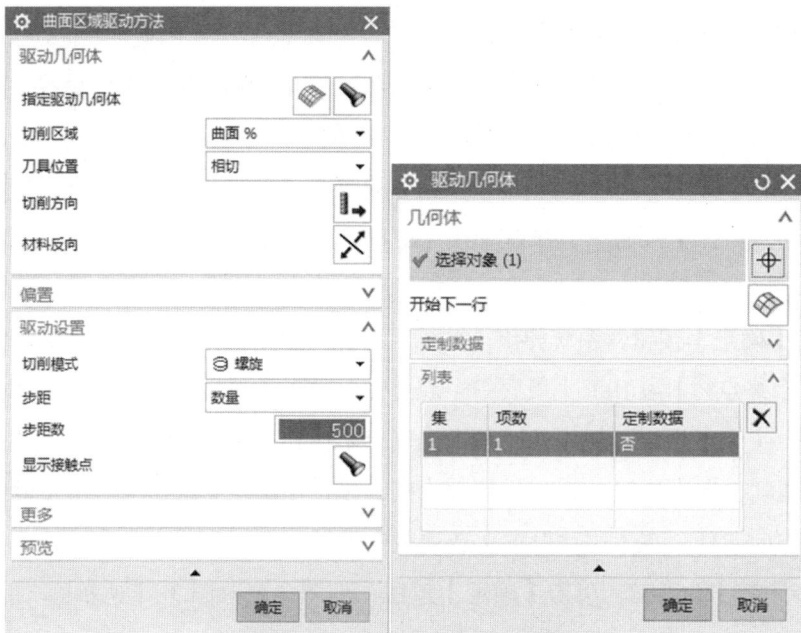

图 3-27　指定驱动几何体

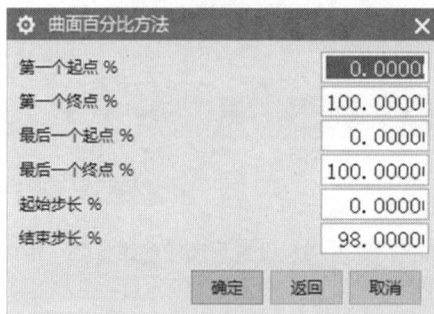

图 3-28　设置曲面百分比方法

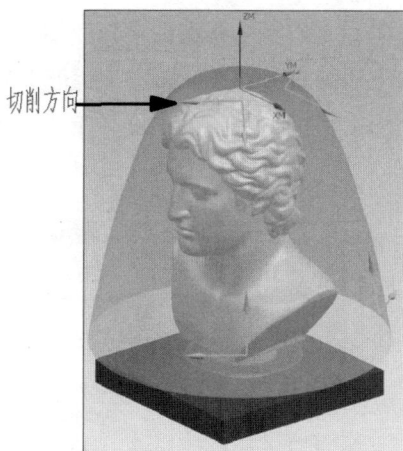

图 3-29 定义切削方向

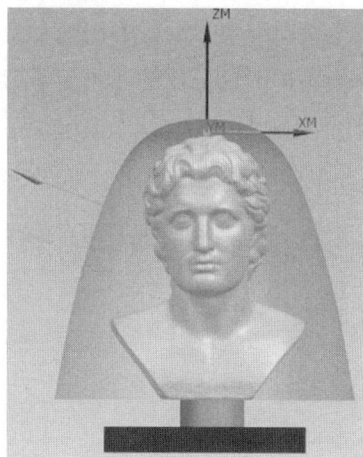

图 3-30 定义材料方向

图 3-31 定义驱动设置参数

（3）在【刀轨设置】选项组中，设置【方法】为【METHOD】，如图 3-32 所示。

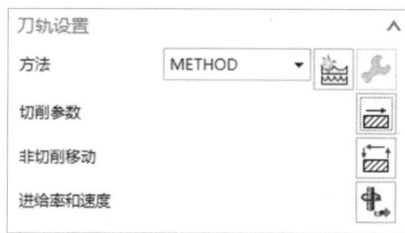

图 3-32 定义刀轨设置参数

（4）单击【切削参数】按钮，系统弹出【切削参数】对话框，在【余量】选项卡的【余量】选项组中，设置【部件余量】为 0.3；在【公差】选项组中，设置【内公差】和【外公差】均为 0.005，单击【确定】按钮，如图 3-33 所示。

（5）单击【非切削移动】按钮，系统弹出【非切削移动】对话框，在【进刀】选项卡的【开放区域】选项组中，设置【进刀类型】为【圆弧-平行于刀轴】、【半径】为【刀具百分比的 50】、【圆弧角度】为 90，单击【确定】按钮，如图 3-34 所示。

（6）单击【进给率和速度】按钮，系统弹出【进给率和速度】对话框，在【主轴速度】选项组中，勾选【主轴速度（rpm）】复选框，并设置【主轴速度（rpm）】为 6000；在

【进给率】选项组中，设置【切削】为2000mmpm；单击【更多】右侧的下拉按钮∨，设置【进刀】为【切削百分比的100】、【第一刀切削】为【切削百分比的100】、【步进】为【切削百分比的100】、【移刀】为5000mmpm、【退刀】为【切削百分比的100】，单击【计算】按钮▤，单击【确定】按钮，如图3-35所示。

图 3-33　设置切削参数

图 3-34　设置进刀参数

图 3-35　设置进给率和速度参数

（7）返回【可变轮廓铣】对话框，单击【生成】按钮，系统自动生成第 1 次半精加工刀路，单击【确定】按钮。生成的第 1 次半精加工刀路如图 3-36 所示。

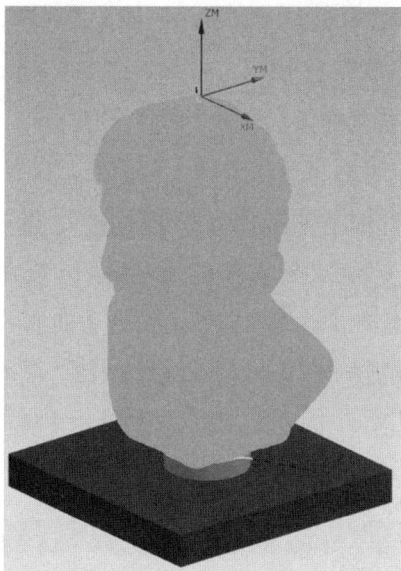

图 3-36　生成的第 1 次半精加工刀路

3.4.4　创建第 2 次半精加工程序

（1）在【插入】工具条中单击【创建工序】按钮，系统弹出【创建工序】对话框，设置【类型】为【mill_multi-axis】，在【工序子类型】选项组中单击【可变轮廓铣】按钮，在【位置】选项组中根据需要进行参数设置，单击【确定】按钮，如图 3-37 所示。

图 3-37　创建工序

（2）系统弹出【可变轮廓铣】对话框，在【工具】选项组中设置【刀具】为【R2】，在【投影矢量】选项组中设置【矢量】为【刀轴】，在【刀轴】选项组中设置【轴】为【垂直于驱动体】，在【几何体】选项组中设置【几何体】为【WORKPIECE】。单击【驱动方法】选项组中【方法】选项右侧的 🔧 按钮，系统弹出【曲面区域驱动方法】对话框，单击【指定驱动几何体】按钮◈，系统弹出【驱动几何体】对话框，设置【选择对象】为辅助体，单击【确定】按钮。返回【曲面区域驱动方法】对话框，设置【切削区域】为【曲面%】，单击【确定】按钮，系统弹出【曲面百分比方法】对话框，设置【第一个起点%】为0、【第一个终点%】为100、【最后一个起点%】为0、【最后一个终点%】为100、【起始步长%】为0、【结束步长%】为96，单击【确定】按钮。返回【曲面区域驱动方法】对话框，单击【切削方向】按钮⬏，选择切削方向，单击【确定】按钮，单击【材料反向】按钮⊠，设置方向向外，在【驱动设置】选项组中设置【切削模式】为【螺旋】、【步距】为【数量】、【步距数】为800，单击【确定】按钮，如图3-38～图3-43所示。

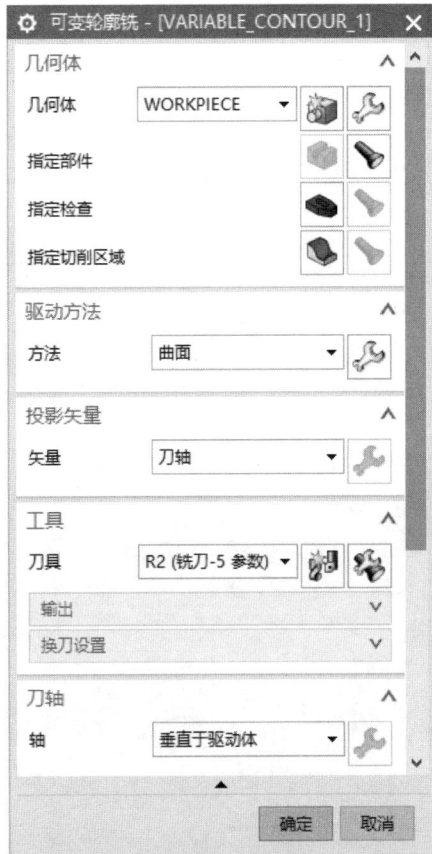

图3-38　设置可变轮廓铣参数

图 3-39 指定驱动几何体

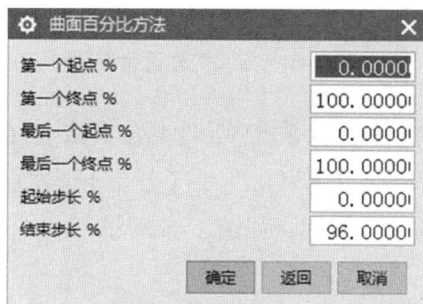

图 3-40 设置曲面百分比方法

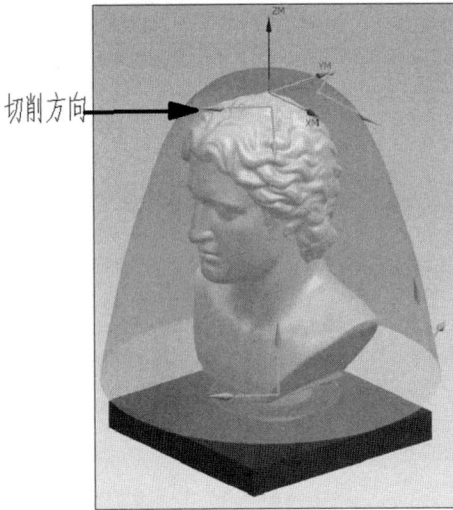

图 3-41 定义切削方向

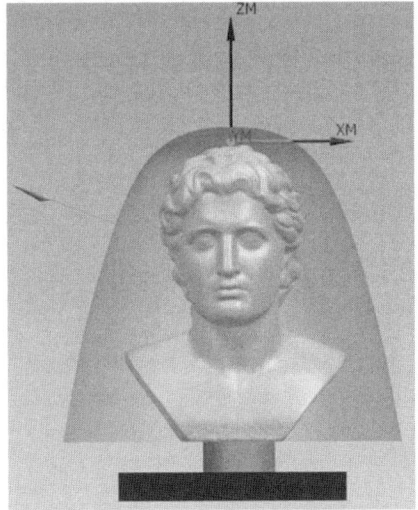

图 3-42 定义材料方向

图 3-43 定义驱动设置参数

（3）在【刀轨设置】选项组中，设置【方法】为【METHOD】，如图 3-44 所示。

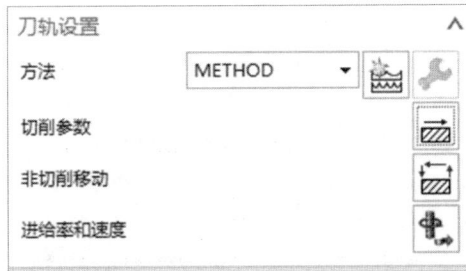

图 3-44 定义刀轨设置参数

（4）单击【切削参数】按钮 ，系统弹出【切削参数】对话框，在【余量】选项卡的【余量】选项组中，设置【部件余量】为 0.1；在【公差】选项组中，设置【内公差】和【外公差】均为 0.005，单击【确定】按钮，如图 3-45 所示。

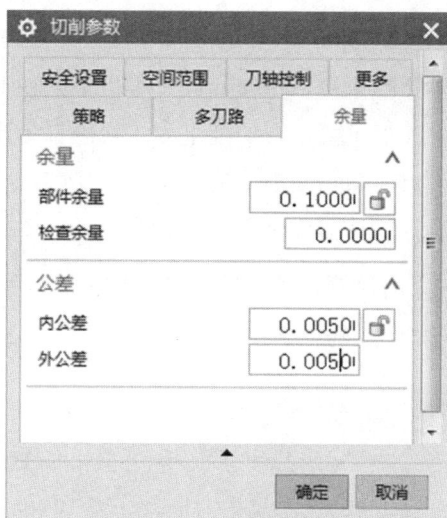

图 3-45 设置切削参数

（5）单击【非切削移动】按钮，系统弹出【非切削移动】对话框，在【进刀】选项卡的【开放区域】选项组中，设置【进刀类型】为【圆弧-平行于刀轴】、【半径】为【刀具百分比的 50】、【圆弧角度】为 90，单击【确定】按钮，如图 3-46 所示。

图 3-46 设置进刀参数

（6）单击【进给率和速度】按钮，系统弹出【进给率和速度】对话框，在【主轴速度】选项组中，勾选【主轴速度（rpm）】复选框，并设置【主轴速度（rpm）】为7000；在【进给率】选项组中，设置【切削】为1000mmpm；单击【更多】右侧的下拉按钮∨，设置【进刀】为【切削百分比的100】、【第一刀切削】为【切削百分比的100】、【步进】为【切削百分比的100】、【移刀】为5000mmpm、【退刀】为【切削百分比的100】，单击【计算】按钮▣，单击【确定】按钮，如图3-47所示。

（7）返回【可变轮廓铣】对话框，单击【生成】按钮▶，系统自动生成第2次半精加工刀路，单击【确定】按钮。生成的第2次半精加工刀路如图3-48所示。

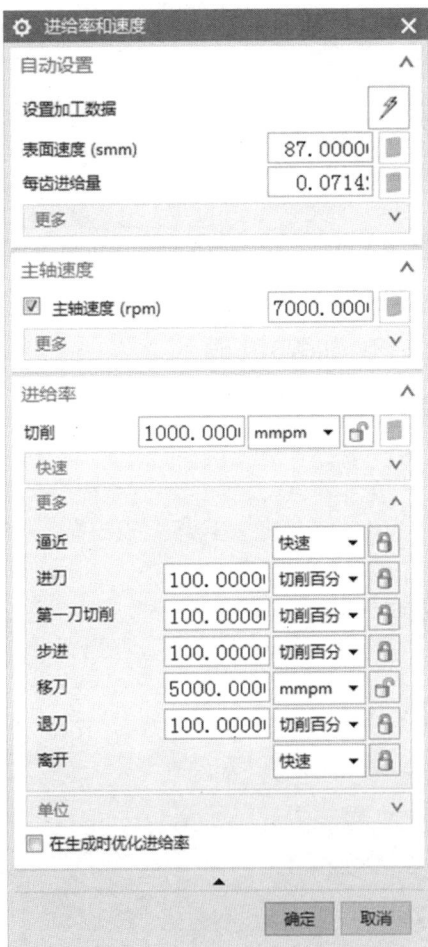

图 3-47　设置进给率和速度参数

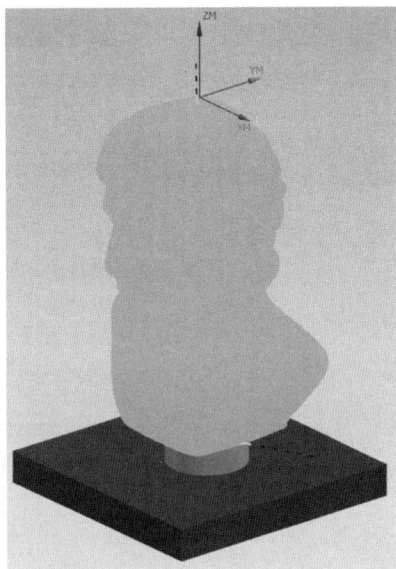

图 3-48　生成的第2次半精加工刀路

3.4.5　创建精加工程序

（1）在【插入】工具条中单击【创建工序】按钮，系统弹出【创建工序】对话框，设置【类型】为【mill_multi-axis】，在【工序子类型】选项组中单击【可变轮廓铣】按钮，在【位置】选项组中根据需要进行参数设置，单击【确定】按钮，如图 3-49 所示。

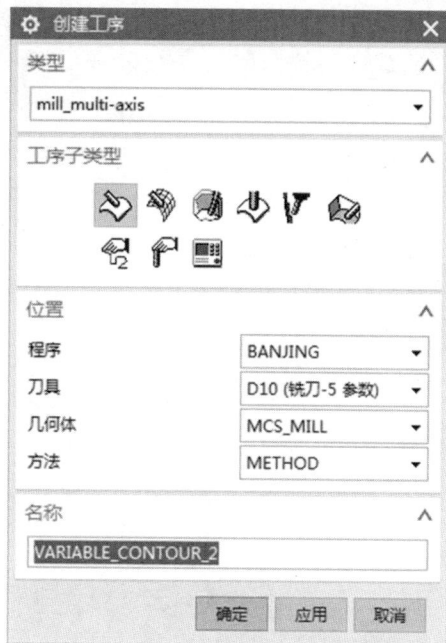

图 3-49　创建工序

（2）系统弹出【可变轮廓铣】对话框，在【工具】选项组中设置【刀具】为【R1】，在【投影矢量】选项组中设置【矢量】为【刀轴】，在【刀轴】选项组中设置【轴】为【垂直于驱动体】，在【几何体】选项组中设置【几何体】为【WORKPIECE】。单击【驱动方法】选项组中【方法】选项右侧的 ♨ 按钮，系统弹出【曲面区域驱动方法】对话框，单击【指定驱动几何体】按钮 ◈，系统弹出【驱动几何体】对话框，设置【选择对象】为辅助体，单击【确定】按钮。返回【曲面区域驱动方法】对话框，设置【切削区域】为【曲面%】，单击【确定】按钮，系统弹出【曲面百分比方法】对话框，设置【第一个起点%】为 0、【第一个终点%】为 100、【最后一个起点%】为 0、【最后一个终点%】为 100、【起始步长%】为 0、【结束步长%】为 95.5，单击【确定】按钮。单击【切削方向】按钮 ▐➡，选择切削方向，单击【确定】按钮，单击【材料反向】按钮 ✕，设置方向向外，在【驱动设置】选项组中设置【切削模式】为【螺旋】、【步距】为【数量】、【步距数】为 1000，单击【确定】按钮，如图 3-50 ~ 图 3-55 所示。

（3）在【刀轨设置】选项组中，设置【方法】为【METHOD】，如图 3-56 所示。

（4）单击【切削参数】按钮 ⇶，系统弹出【切削参数】对话框，在【余量】选项卡的【余量】选项组中，设置【部件余量】为 0；在【公差】选项组中，设置【内公差】和【外公差】均为 0.005，单击【确定】按钮，如图 3-57 所示。

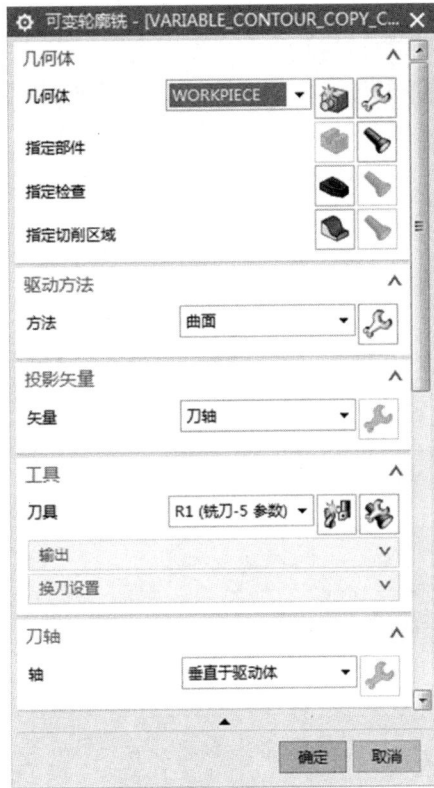

图 3-50　设置可变轮廓铣参数

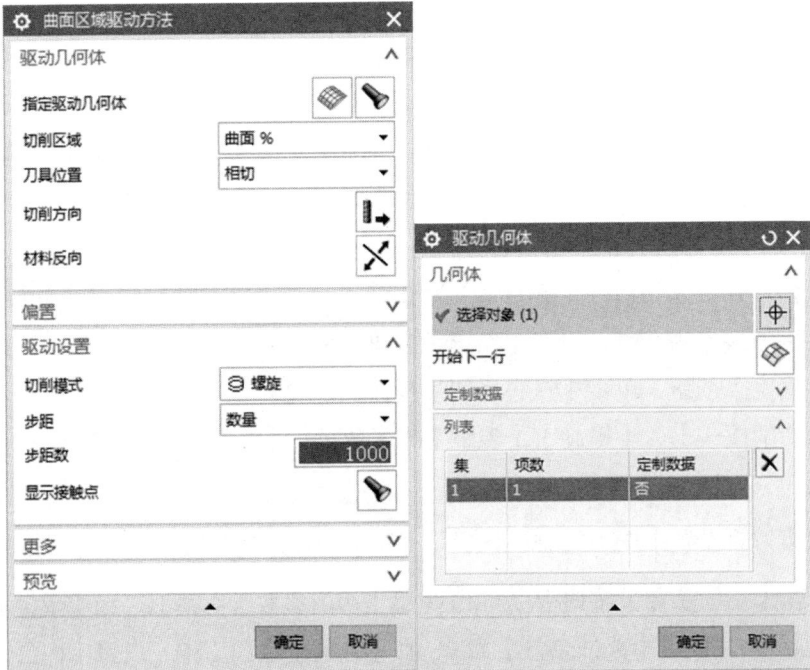

图 3-51　指定驱动几何体

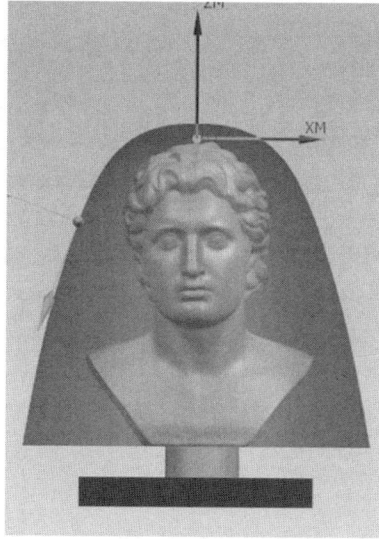

图 3-51 指定驱动几何体（续）

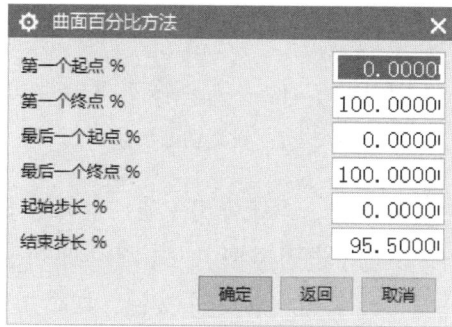

图 3-52 设置曲面百分比方法

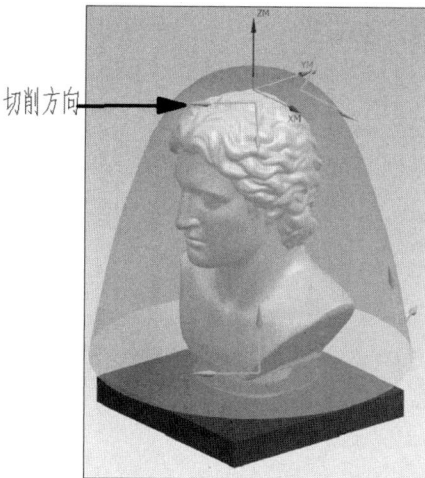

图 3-53 定义切削方向

图 3-54 定义材料方向

图 3-55　定义驱动设置参数

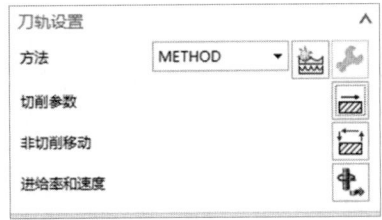

图 3-56　定义刀轨设置参数

图 3-57　设置切削参数

（5）单击【非切削移动】按钮，系统弹出【非切削移动】对话框，在【进刀】选项卡的【开放区域】选项组中，设置【进刀类型】为【圆弧-平行于刀轴】、【半径】为【刀具百分比的 50】、【圆弧角度】为 90，单击【确定】按钮，如图 3-58 所示。

图 3-58　设置进刀参数

（6）单击【进给率和速度】按钮 🐝，系统弹出【进给率和速度】对话框，在【主轴速度】选项组中，勾选【主轴速度（rpm）】复选框，并设置【主轴速度（rpm）】为 10000；在【进给率】选项组中，设置【切削】为 1000mmpm；单击【更多】右侧的下拉按钮 ⌄，设置【进刀】为【切削百分比的 60】、【第一刀切削】为【切削百分比的 100】、【步进】为【切削百分比的 100】、【移刀】为 5000mmpm、【退刀】为【切削百分比的 100】，单击【计算】按钮 🗐，单击【确定】按钮，如图 3-59 所示。

图 3-59　设置进给率和速度参数

（7）返回【可变轮廓铣】对话框，单击【生成】按钮 📐，系统自动生成精加工刀路，单击【确定】按钮。生成的精加工刀路如图 3-60 所示。

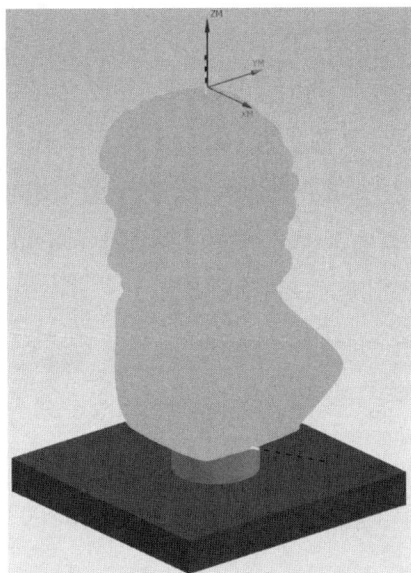

图 3-60 生成的精加工刀路

3.4.6 创建切断程序

下面创建切断程序，将工件底面与底座切断，把工件从底座中分离出来。

（1）在【插入】工具条中单击【创建工序】按钮 ![icon]，系统弹出【创建工序】对话框，设置【类型】为【mill_multi-axis】，在【工序子类型】选项组中单击【可变轮廓铣】按钮 ![icon]，在【位置】选项组中根据需要进行参数设置，单击【确定】按钮，如图 3-61 所示。

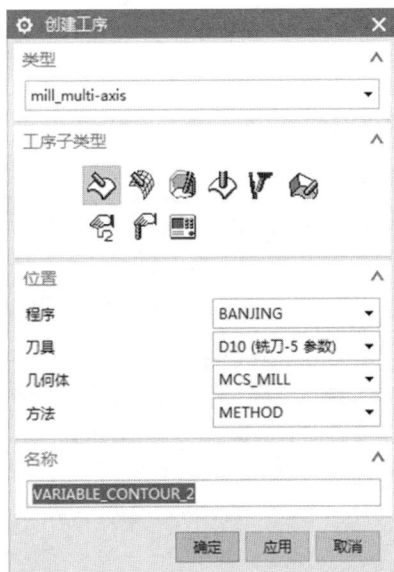

图 3-61 创建工序

（2）系统弹出【可变轮廓铣】对话框，在【工具】选项组中设置【刀具】为【D10】，在【投影矢量】选项组中设置【矢量】为【刀轴】，在【刀轴】选项组中设置【轴】为【远离直线】，在【几何体】选项组中设置【几何体】为【MCS_MILL】。单击【刀轴】选项组中【轴】选项右侧的 🔧 按钮，系统弹出【远离直线】对话框，单击【指定点】按钮 ⬆️，系统弹出【点】对话框，在【输出坐标】选项组中设置【参考】为【WCS】，单击【确定】按钮。单击【驱动方法】选项组中【方法】选项右侧的 🔧 按钮，系统弹出【曲面区域驱动方法】对话框，单击【指定驱动几何体】按钮 ◈，系统弹出【驱动几何体】对话框，设置【选择对象】为辅助体，单击【确定】按钮。返回【曲面区域驱动方法】对话框，单击【切削方向】按钮 ⬛➡️，选择切削方向，单击【确定】按钮，在【驱动设置】选项组中设置【切削模式】为【螺旋】、【步距】为【数量】、【步距数】为 50，单击【确定】按钮，如图 3-62 ~ 图 3-66 所示。

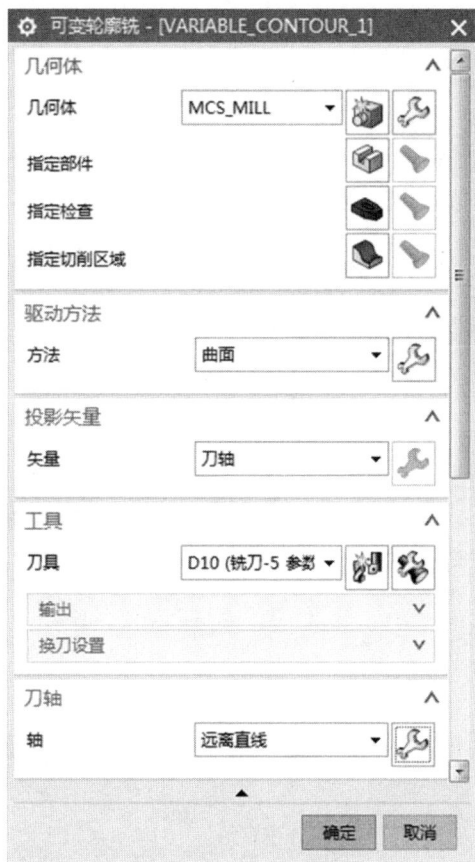

图 3-62　设置可变轮廓铣参数

143

图 3-63　指定矢量和点

图 3-64　指定驱动几何体

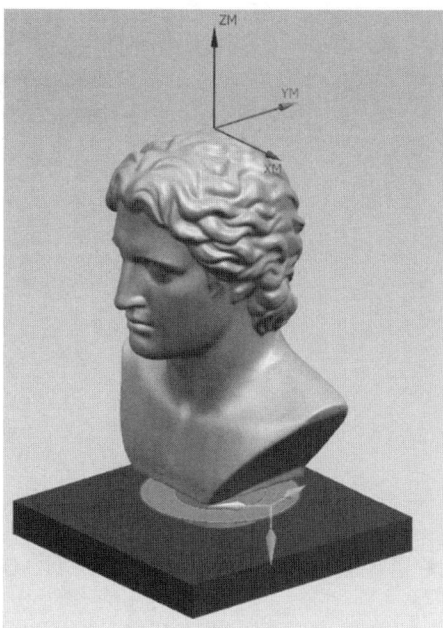

图 3-64　指定驱动几何体（续）

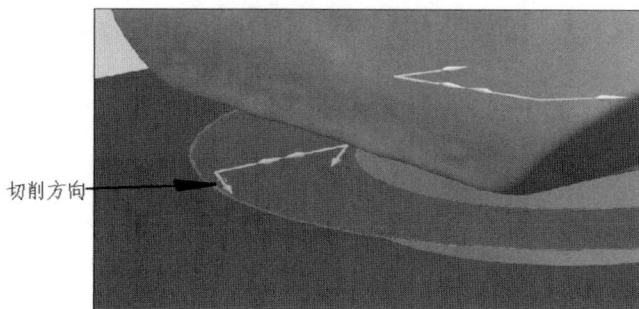

切削方向

图 3-65　定义切削方向

图 3-66　定义驱动设置参数

（3）在【刀轨设置】选项组中，设置【方法】为【METHOD】，如图 3-67 所示。

（4）单击【切削参数】按钮 ，系统弹出【切削参数】对话框，在【余量】选项卡的【余量】选项组中，设置【部件余量】为 0.3；在【公差】选项组中，设置【内公差】和【外公差】均为 0.005，单击【确定】按钮，如图 3-68 所示。

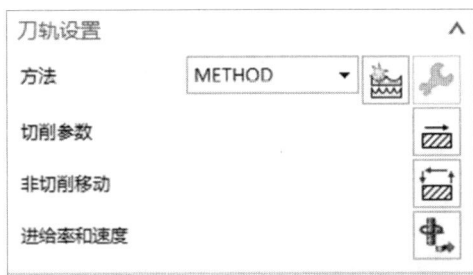

图 3-67　定义刀轨设置参数

图 3-68　设置切削参数

（5）单击【非切削移动】按钮 🔲，系统弹出【非切削移动】对话框，在【进刀】选项卡的【开放区域】选项组中，设置【进刀类型】为【圆弧-平行于刀轴】、【半径】为【刀具百分比的 50】、【圆弧角度】为 90，单击【确定】按钮，如图 3-69 所示。

图 3-69　设置进刀参数

（6）单击【进给率和速度】按钮，系统弹出【进给率和速度】对话框，在【主轴速度】选项组中，勾选【主轴速度（rpm）】复选框，并设置【主轴速度（rpm）】为6000；在【进给率】选项组中，设置【切削】为2000mmpm；单击【更多】右侧的下拉按钮，设置【进刀】为【切削百分比的100】、【第一刀切削】为【切削百分比的100】、【步进】为【切削百分比的100】、【移刀】为【快速】、【退刀】为【切削百分比的100】，单击【计算】按钮，单击【确定】按钮，如图3-70所示。

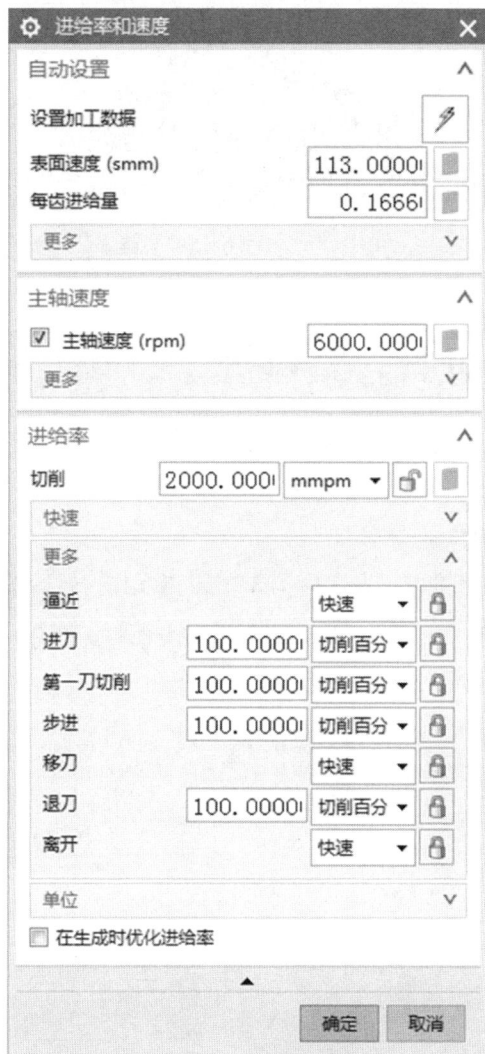

图 3-70　设置进给率和速度参数

（7）返回【可变轮廓铣】对话框，单击【生成】按钮，系统自动生成切断刀路，单击【确定】按钮。生成的切断刀路如图3-71所示。

图 3-71　生成的切断刀路

3.5　使用 UG 进行刀路检查

对于多个工位的刀路检查，建议采用 3D 动态方式，以便观察加工结果图的旋转与平移效果。

在导航器中展开各刀路操作，先选择第 1 个刀路操作，然后按住 Shift 键的同时选择最后 1 个刀路操作。在主页的工具条中单击 🗺 按钮，系统弹出如图 3-72 所示的【刀轨可视化】对话框，打开【3D 动态】选项卡，单击【播放】按钮 ▶ 。

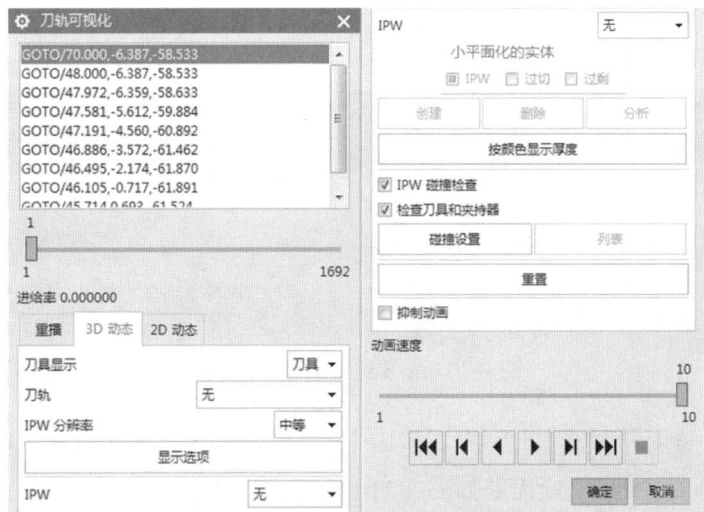

图 3-72　【刀轨可视化】对话框

刀路模拟过程如图 3-73 所示。

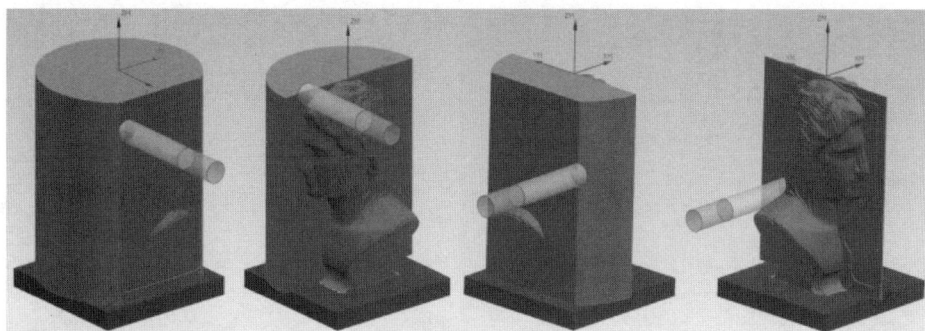

图 3-73　刀路模拟过程

第 1 次半精加工模拟过程如图 3-74 所示。

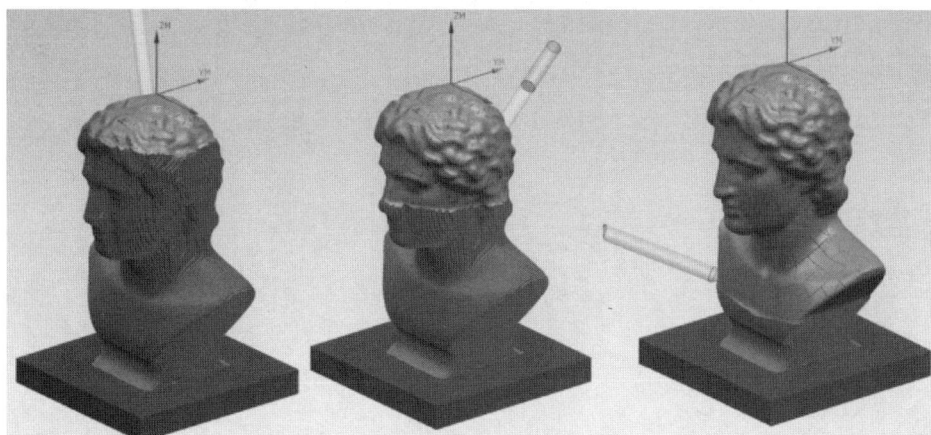

图 3-74　第 1 次半精加工模拟过程

第 2 次半精加工模拟过程如图 3-75 所示。

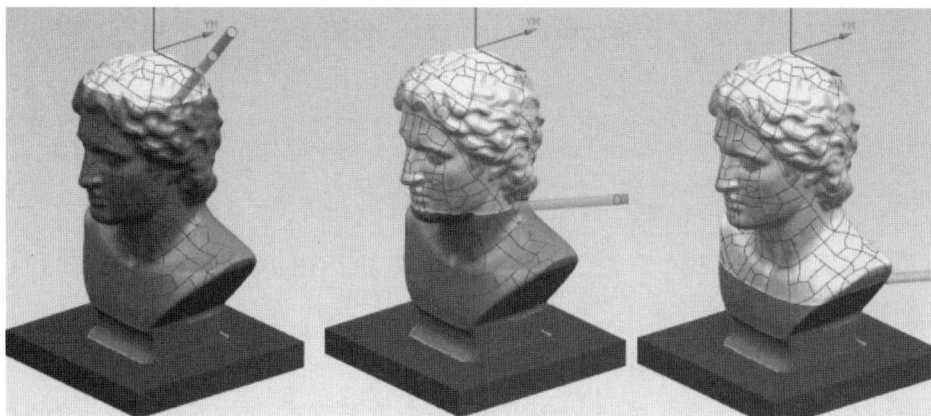

图 3-75　第 2 次半精加工模拟过程

精加工模拟过程如图 3-76 所示。

图 3-76　精加工模拟过程

切断加工模拟过程如图 3-77 所示。

图 3-77　切断加工模拟过程

3.6　后处理

本项目实例将在 XYZBC 双转台型机床上操作，加工坐标系的原点位于 B 轴和 C 轴旋转轴相交处。

在程序顺序视图 中，选择【CU】程序组，在主页的工具条中单击 按钮，系统弹出【后处理】对话框，选择【铼钠克 BC（3+2 轴不可钻孔）】后处理器，单击【应用】按钮，弹出相应的信息框，如图 3-78 所示。

图 3-78　后处理

同理，对其他程序组进行后处理。后处理完成后，在主页的工具条中单击【保存】按钮，将图档存盘。

3.7　本项目小结

本项目主要讲解了亚历山大头像的数控编程与加工实例。

本项目的重点与难点：

（1）垂直于驱动体参数的设置；

（2）辅助体的创建；

（3）刀具的创建。

项目 4

涡轮叶片的数控编程与加工

本项目内容如下。

- 4.1 知识点和学习方法；
- 4.2 加工工艺设置；
- 4.3 编程前期准备；
- 4.4 涡轮叶片程序编制；
- 4.5 使用 UG 进行刀路检查；
- 4.6 后处理；
- 4.7 本项目小结。

4.1 知识点和学习方法

通过学习涡轮叶片的数控编程与加工实例，读者可以掌握多轴数控加工工艺的制定、加工坐标系的创建、【mill_multi_blade】涡轮工序的应用、涡轮叶片零件加工工艺的安排等。

4.2 加工工艺设置

4.2.1 涡轮叶片加工特点

（1）涡轮上有很多叶片，叶片按轮廓直径的不同，大小不同。叶片为空间曲面，扭曲程度高，且有后仰的趋势，加工时刀具的相对摆动极易对相邻叶片产生切削干涉。因此，刀具切削方向的选择尤为重要。另外，对于曲面，需要分段加工，应注意保证加工表面的一致性。

（2）叶片之间的流道相对较窄，加工空间相对较小，难以采用强度较大和刚性较好的大直径刀具。

（3）叶片进气与出气边缘圆角曲率半径的变化大，这使得刀具和夹具之间的角度变化大。

（4）为了满足强度的需要，涡轮轮廓与叶片之间的过渡采用圆角过渡方式，应注意刀具的选择。

（5）叶片属于结构复杂的薄壁件，工件刚性差，在工艺安排上需要采用多工步反复加工叶片型面，以防加工残余应力所带来的形变。

（6）整体涡轮叶片的材料一般有铝合金、不锈钢、钛合金等，在工艺安排上应尽量考虑因材料不同所带来的问题。涡轮叶片模型如图 4-1 所示。

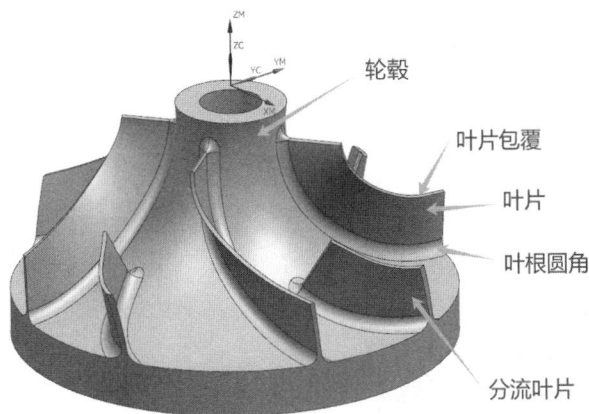

图 4-1　涡轮叶片模型

4.2.2　加工工艺制定

打开涡轮叶片图档，执行【启动】|【制图】命令，进入 2D 工程图界面。零件工程图如图 4-2 所示。该零件的材料为铝合金，外围表面的粗糙度为 $Ra1.6\,\mu\mathrm{m}$，全部尺寸的公差为 ±0.05mm。

根据涡轮叶片模型可知，涡轮叶片主要包括轮毂、叶片包覆、叶片、叶根圆角、分流叶片等，其表面光洁度高。涡轮叶片从轮毂到分流叶片都要进行加工，采用五轴机床进行加工，只需要一次装夹即可完成加工任务。

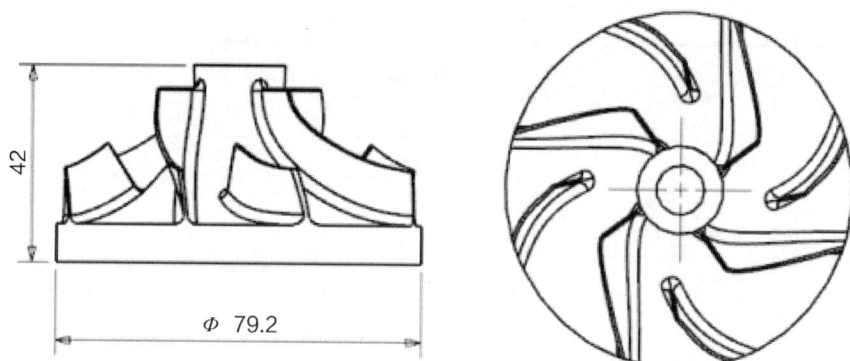

图 4-2　零件工程图

根据涡轮叶片的尺寸和结构特点，可以确定其加工工艺。

下料：毛坯采用大小为 Φ39.6mm×42mm 的精坯，材料为铝合金。

五轴数控铣：采用工装夹具进行装夹，对精坯实施开粗、半精加工、精加工。涡轮叶片工装夹具如图 4-3 所示。

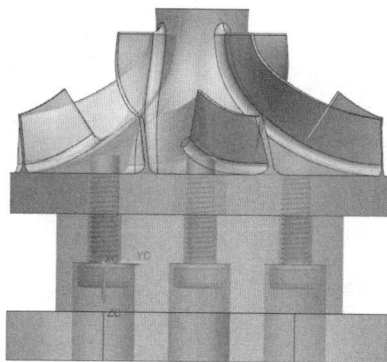

图 4-3　涡轮叶片工装夹具

4.2.3　参数设定和加工工艺流程

（1）加工涡轮叶片所使用的刀具型号、加工方式、余量、主轴速度、进给率、步距及加工范围如表 4-1 所示。

表 4-1　加工涡轮叶片所使用的刀具型号、加工方式、余量、主轴速度、进给率、步距及加工范围

刀具型号	加工方式	余量	主轴速度 （rpm）	进给率 （mmpm）	步距 （mm）	加工范围
D6R3	多叶片粗加工	0.2	5000	2500	0.75	粗加工全部涡轮叶片
D6R3	轮毂半精加工	0.15	7800	2000	0.5	半精加工轮毂

刀具型号	切削模式	余量	主轴速度（rpm）	进给率（mmpm）	步距（mm）	加工范围
D6R3	叶片半精加工	0.15	7800	2000	0.5	半精加工叶片
D6R3	分流叶片半精加工	0.15	7800	2000	0.5	半精加工分流叶片
D4R2	轮毂精加工	0	7800	2000	0.1	精加工轮毂
D4R2	叶片精加工	0	7800	2000	0.1	精加工叶片
D4R2	分流叶片精加工	0	7800	2000	0.1	精加工分流叶片
D4R2	叶根圆角精加工	0	7800	2000	0.1	精加工圆角
D4R2	分流叶片倒圆精加工	0	7800	2000	0.1	精加工分流叶片倒圆

（2）根据涡轮叶片的形状，考虑采用涡轮叶片加工的特点，涡轮叶片加工工艺流程如图 4-4 所示。

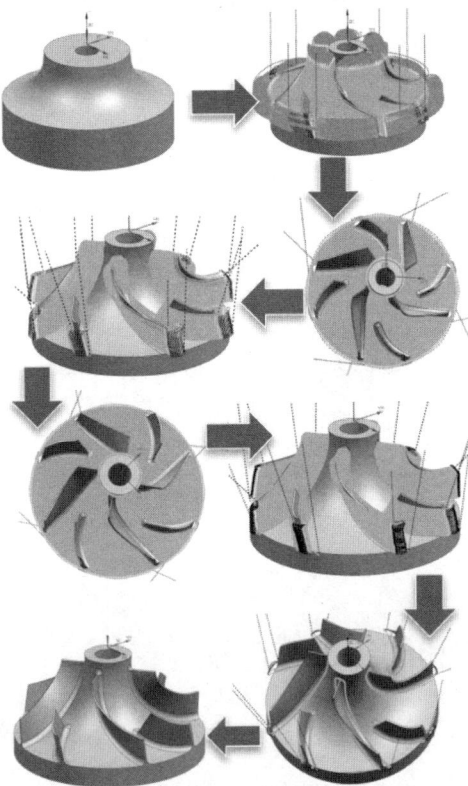

图 4-4　涡轮叶片加工工艺流程

4.3　编程前期准备

单击标准工具条中的【应用模块】｜【加工】按钮，切换到【加工】工作状态，选择

【mill_multi-blade】多轴铣削模板，单击【确定】按钮，进入加工环境。

4.3.1　创建加工坐标系

在几何视图 中，创建加工坐标系，加工坐标系为建模绝对坐标系，将安全高度设置为距离顶面 30mm，其余参数设置如图 4-5 所示。

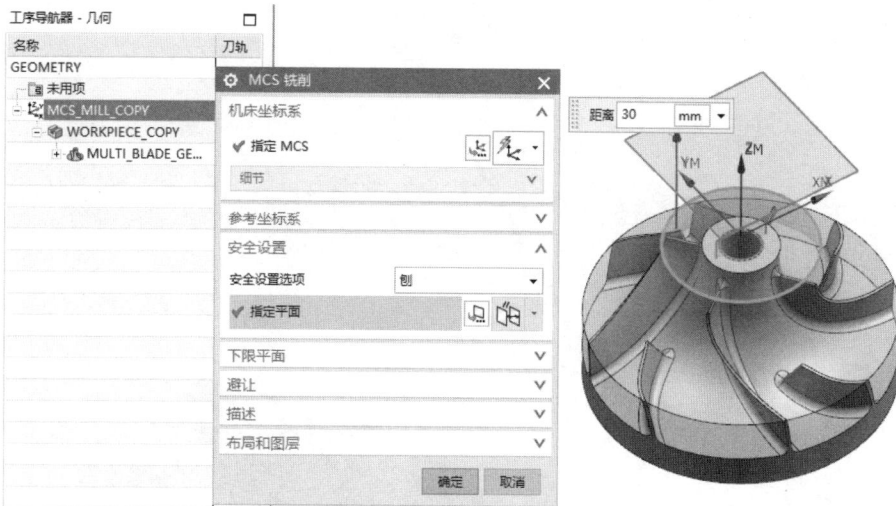

图 4-5　创建加工坐标系

4.3.2　定义毛坯几何体

双击工序导航器中的【WORKPIECE】选项，弹出【工件】对话框，在该对话框中设置【指定部件】为涡轮叶片、【指定毛坯】为涡轮叶片毛坯，如图 4-6 所示。

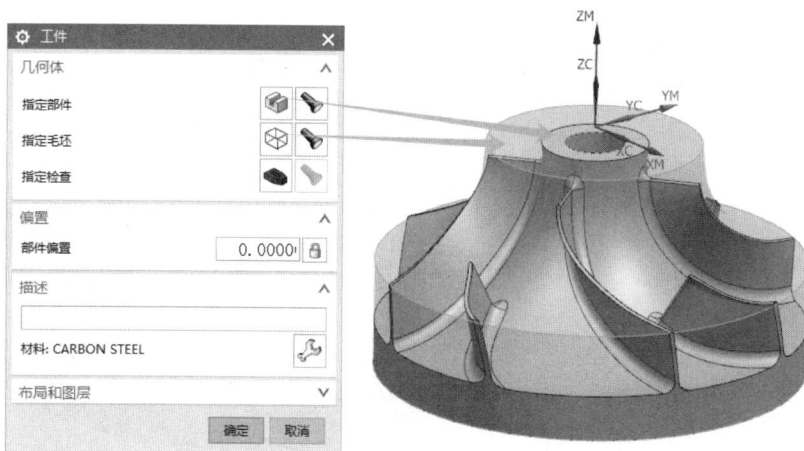

图 4-6　定义毛坯几何体

4.3.3 指定多叶片几何体

指定多叶片几何体，如图 4-7 所示。

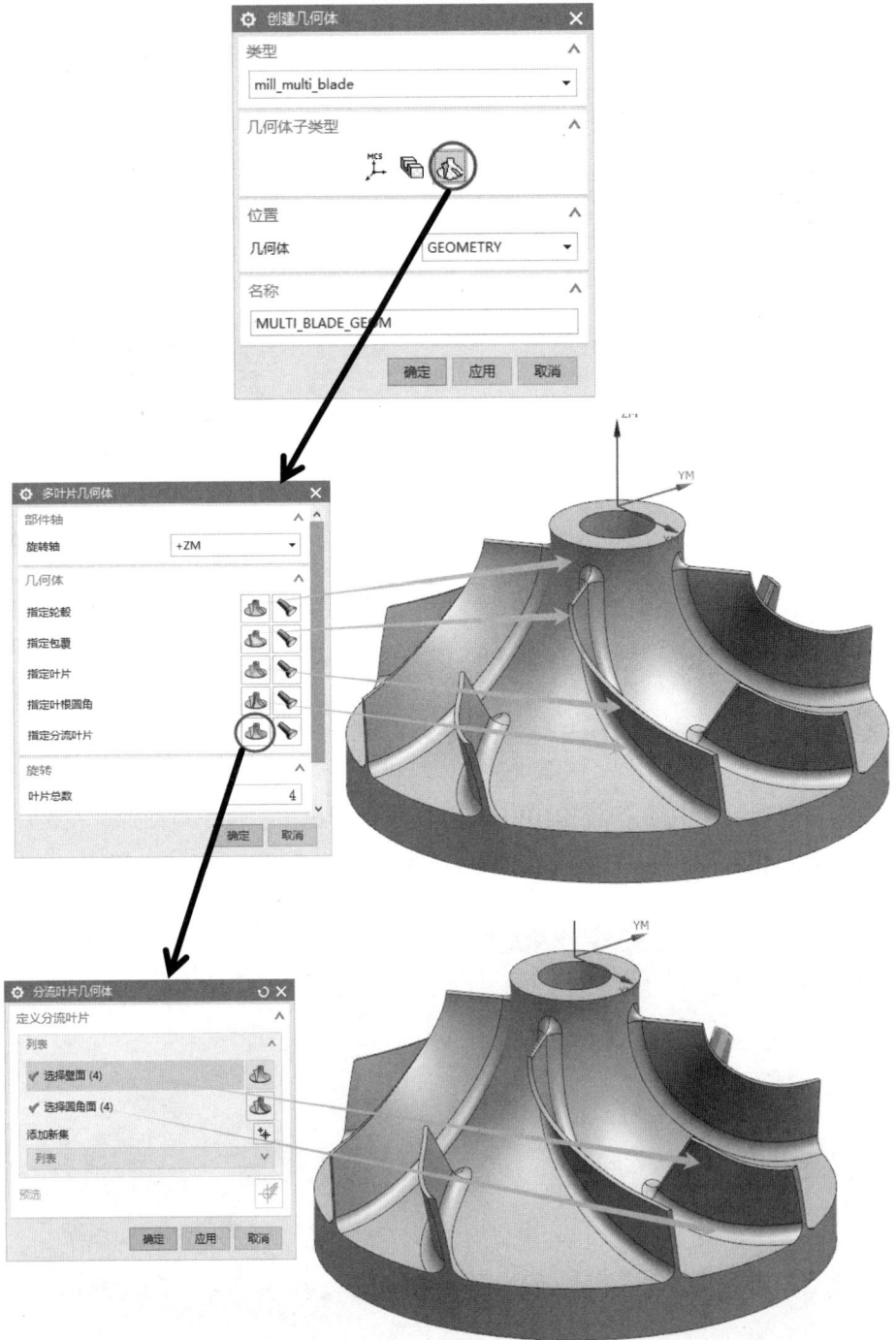

图 4-7　指定多叶片几何体

4.3.4　创建刀具

在机床视图 中，单击【插入】工具条中的【创建刀具】按钮，系统弹出【创建刀具】对话框，依次创建 R3 球头刀和 R2 球头刀两把刀具，如图 4-8 所示。

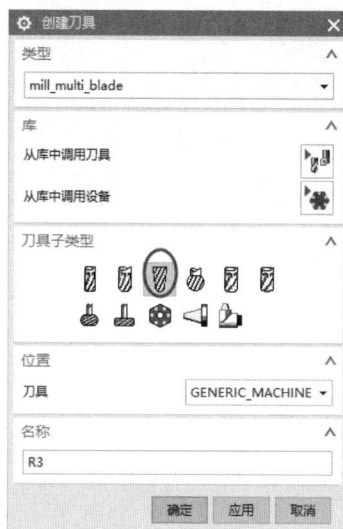

图 4-8　创建刀具

4.3.5　创建程序组

在程序顺序视图 中，单击【创建程序组】按钮 ，创建程序组，如图 4-9 所示。

图 4-9　创建程序组

4.4 涡轮叶片程序编制

本节要求在 D 盘根目录下建立文件夹 CH4，将图档 CH04 复制到该文件夹中，打开图档 CH04 进行编程，生成合理的刀具路径，检查并优化刀路。

4.4.1 创建多叶片粗加工程序

（1）在【插入】工具条中单击【创建工序】按钮，系统弹出【创建工序】对话框，设置【类型】为【mill_multi_blade】，在【工序子类型】选项组中单击【多叶片粗加工】按钮，在【位置】选项组中根据需要进行参数设置，单击【确定】按钮，如图 4-10 所示。

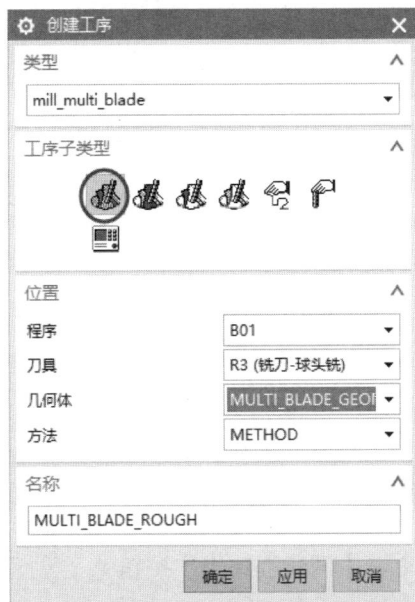

图 4-10　创建工序

（2）系统弹出【多叶片粗加工】对话框，因已在【创建工序】对话框的【位置】选项组中设置【几何体】为【MULTI_BLADE_GEOM_COPY】，故此处不再指定轮廓等几何体，如图 4-11 所示。

（3）单击【驱动方法】选项组中的【方法】选项右侧的按钮，系统弹出【叶片粗加工驱动方法】对话框。在【前缘】选项组中，设置【叶片边点】为【沿叶片方向】、【切向延伸】为【刀具百分比的 50】、【径向延伸】为 0；在【起始位置与方向】选项组中，单击【指定起始位置】按钮，选择箭头所指方向；在【驱动设置】选项组中，设置【切削模式】

为【往复上升】、【切削方向】为【顺铣】、【最大距离】为【刀具百分比的 40】，如图 4-12 所示。

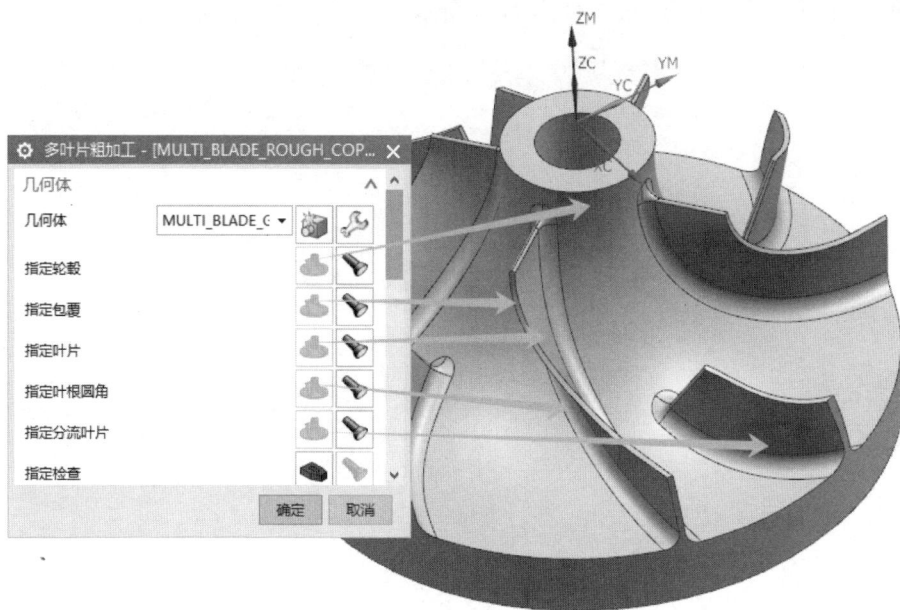

图 4-11　指定几何体

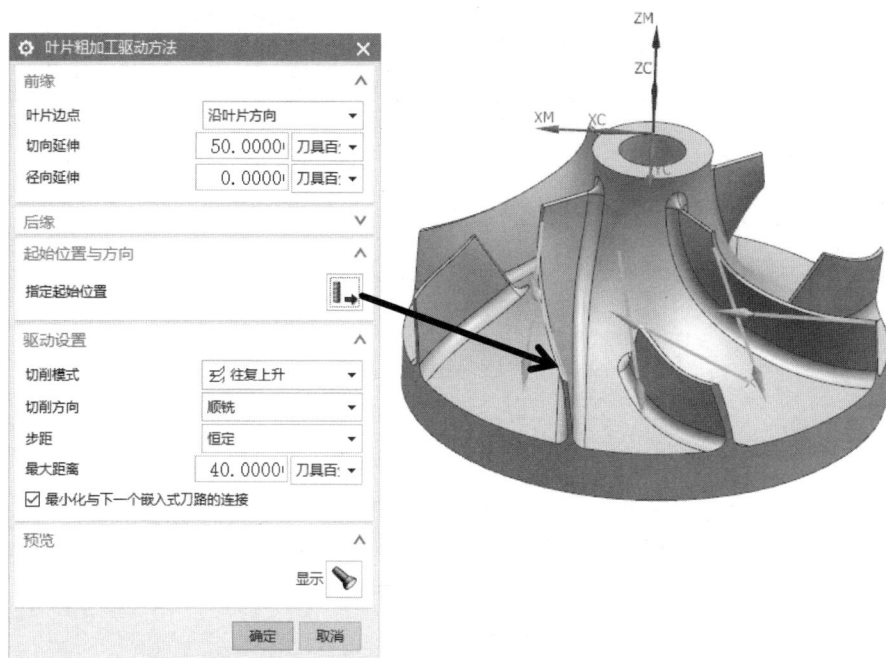

图 4-12　设置叶片粗加工驱动方法

（4）单击【切削层】按钮 ，系统弹出【切削层】对话框，在【深度选项】选项组中，设置【深度模式】为【从包覆插补至轮毂】、【每刀切削深度】为【恒定】、【距离】为 0.75mm、【起始%】为 0、【终止%】为 100，如图 4-13 所示。

图 4-13　设置切削层参数

（5）单击【切削参数】按钮 ，系统弹出【切削参数】对话框，在【余量】选项卡的【余量】选项组中，设置【叶片余量】、【轮毂余量】、【检查余量】均为 0.2，如图 4-14 所示。

图 4-14　设置切削参数

（6）返回【多叶片粗加工】对话框，单击【生成】按钮　，系统自动生成多叶片粗加工刀路，单击【确定】按钮。生成的多叶片粗加工刀路如图 4-15 所示。

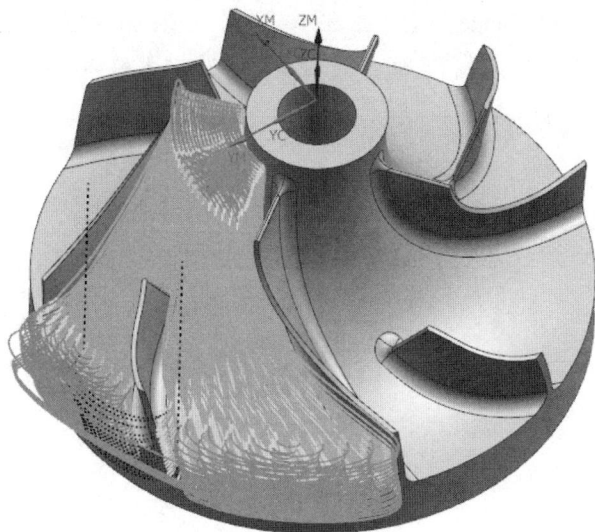

图 4-15　生成的多叶片粗加工刀路

（7）在工序导航器中右击　 MULTI_BLAD... R3，在弹出的快捷菜单中选择【对象】|【变换】命令，系统弹出【变换】对话框，设置【类型】为【绕点旋转】，并在【变换参数】选项组中指定枢轴点，设置【角度】为 90，在【结果】选项组中选中【复制】单选按钮，设置【非关联副本数】为【3】，单击【确定】按钮，如图 4-16 所示。

图 4-16　复制变换刀路

4.4.2　创建轮毂半精加工程序

（1）在【插入】工具条中单击【创建工序】按钮，系统弹出【创建工序】对话框，设置【类型】为【mill_multi_blade】，在【工序子类型】选项组中单击【轮毂精加工】按钮，在【位置】选项组中根据需要进行参数设置，单击【确定】按钮，如图 4-17 所示。

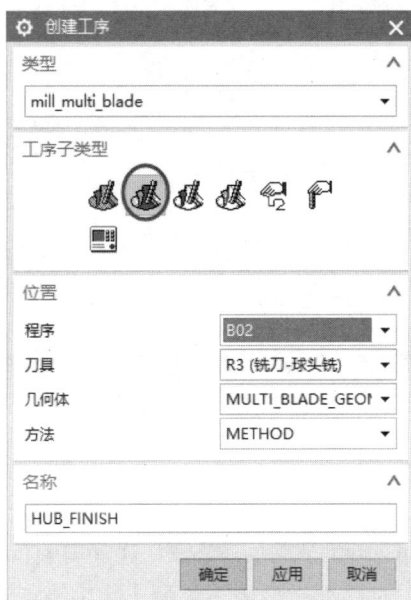

图 4-17　创建工序

（2）系统弹出【轮毂精加工】对话框，因已在【创建工序】对话框的【位置】选项组中设置【几何体】为【MULTI_BLADE_GEOM_COPY】，故此处不再指定轮廓等几何体。

（3）单击【驱动方法】选项组中的【方法】选项右侧的按钮，系统弹出【轮毂精加工驱动方法】对话框。在【前缘】选项组中，设置【叶片边点】为【沿部件轴】、【距离】为 0、【切向延伸】为 0.7mm、【径向延伸】为 2mm；在【后缘】选项组中，设置【边定义】为【指定】、【距离】为 0、【切向延伸】为 0.5mm、【径向延伸】为 0；在【起始位置与方向】选项组中，单击【指定起始位置】按钮，选择箭头所指方向；在【驱动设置】选项组中，设置【切削模式】为【往复上升】、【切削方向】为【混合】、【最大距离】为 0.5mm，如图 4-18 所示。

（4）单击【切削参数】按钮，系统弹出【切削参数】对话框，在【余量】选项卡的【余量】选项组中，设置【叶片余量】、【轮毂余量】、【检查余量】均为 0.1；在【公差】选项组中，设置【内公差】和【外公差】均为 0.03，单击【确定】按钮，如图 4-19 所示。

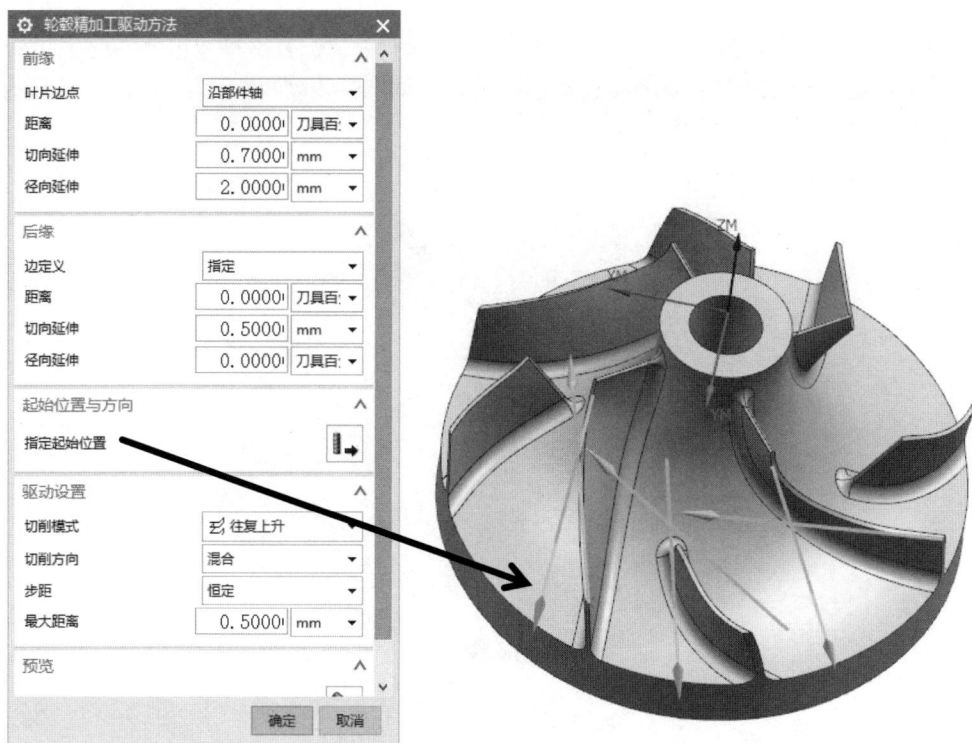

图 4-18 设置轮毂半精加工驱动方法

图 4-19 设置切削参数

（5）返回【轮毂精加工】对话框，单击【生成】按钮 ，系统自动生成轮毂半精加工刀路，单击【确定】按钮。生成的轮毂半精加工刀路如图 4-20 所示。

图 4-20　生成的轮毂半精加工刀路

（6）在工序导航器中右击 ，在弹出的快捷菜单中选择【对象】|【变换】命令，系统弹出【变换】对话框，设置【类型】为【绕点旋转】，并在【变换参数】选项组中指定枢轴点，设置【角度】为 90，在【结果】选项组中选中【复制】单选按钮，设置【非关联副本数】为【3】，单击【确定】按钮，如图 4-21 所示。

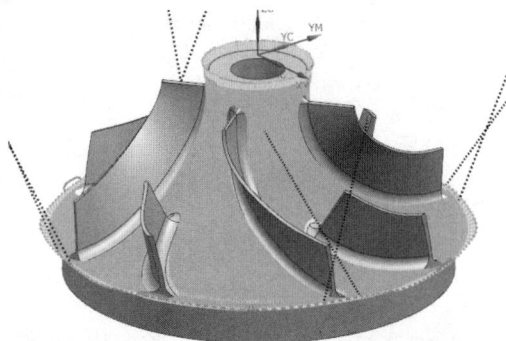

图 4-21　复制变换刀路

4.4.3   创建叶片半精加工程序

（1）在【插入】工具条中单击【创建工序】按钮，系统弹出【创建工序】对话框，设置【类型】为【mill_multi_blade】，在【工序子类型】选项组中单击【叶片精加工】按钮，在【位置】选项组中根据需要进行参数设置，单击【确定】按钮，如图 4-22 所示。

（2）系统弹出【叶片精加工】对话框，因已在【创建工序】对话框的【位置】选项组中设置【几何体】为【MULTI_BLADE_GEOM_COPY】，故此处不再指定轮廓等几何体。

（3）单击【驱动方法】选项组中的【方法】选项右侧的 按钮，系统弹出【叶片精加工驱动方法】对话框。在【切削周边】选项组中，设置【要精加工的几何体】为【叶片】、【要切削的面】为【左面、右面、前缘】；在【驱动设置】选项组中，设置【切削模式】为【单向】、【切削方向】为【顺铣】、【起点】为【后缘】，如图 4-23 所示。

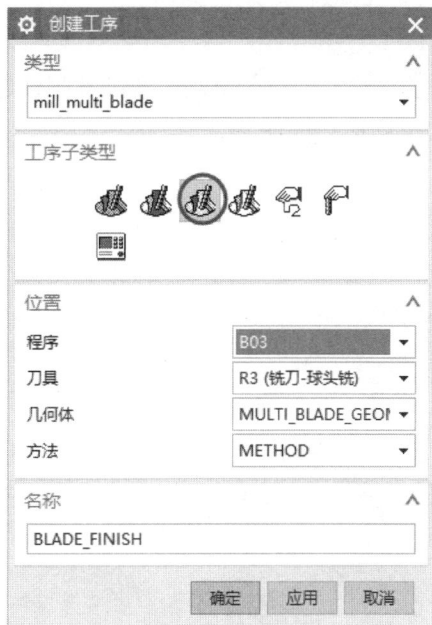

图 4-22   创建工序

图 4-23   设置叶片半精加工驱动方法

（4）单击【切削层】按钮，系统弹出【切削层】对话框，在【深度选项】选项组中，设置【深度模式】为【从包覆插补至轮毂】、【每刀切削深度】为【恒定】、【距离】为 0.5mm、【起始%】为 0、【终止%】为 100，单击【确定】按钮，如图 4-24 所示。

（5）单击【切削参数】按钮，系统弹出【切削参数】对话框，在【余量】选项卡的【余量】选项组中，设置【叶片余量】、【轮毂余量】、【检查余量】均为 0.1；在【公差】选项组中，设置【内公差】和【外公差】均为 0.03，单击【确定】按钮，如图 4-25 所示。

图 4-24 设置切削层参数

图 4-25 设置切削参数

（6）返回【叶片精加工】对话框，单击【生成】按钮，系统自动生成叶片半精加工刀路，单击【确定】按钮。生成的叶片半精加工刀路如图 4-26 所示。

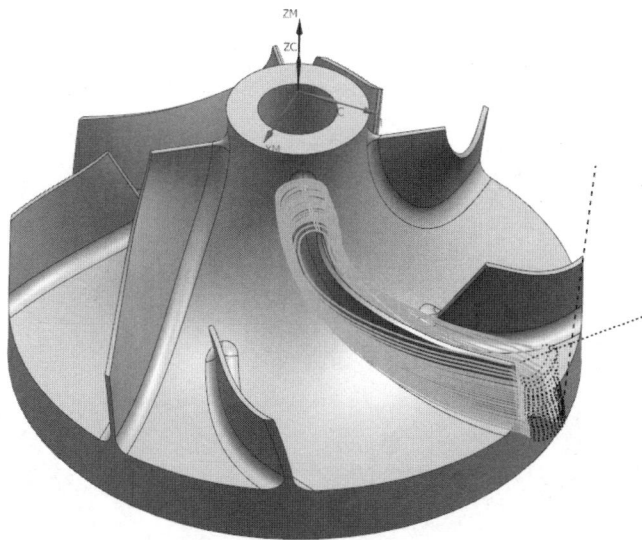

图 4-26 生成的叶片半精加工刀路

（7）在工序导航器中右击 HUB_FINISH_... R3 ，在弹出的快捷菜单中选择【对象】|【变换】命令，系统弹出【变换】对话框，设置【类型】为【绕点旋转】，并在【变换参数】选项组中指定枢轴点，设置【角度】为 90，在【结果】选项组中选中【复制】单选按钮，设置【非关联副本数】为【3】，单击【确定】按钮，如图 4-27 所示。

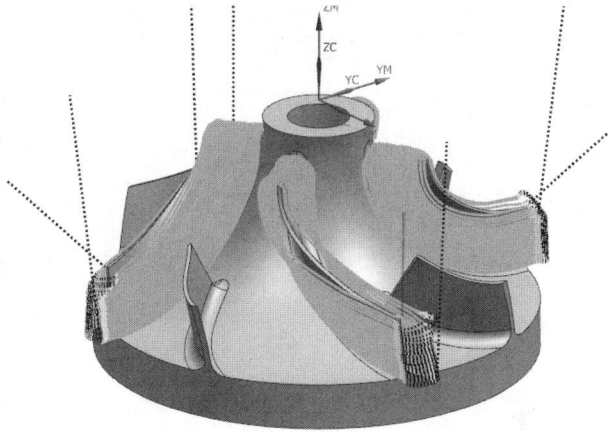

图 4-27　复制变换刀路

4.4.4　创建分流叶片半精加工程序

（1）在【插入】工具条中单击【创建工序】按钮，系统弹出【创建工序】对话框，设置【类型】为【mill_multi_blade】，在【工序子类型】选项组中单击【叶片精加工】按钮，在【位置】选项组中根据需要进行参数设置，单击【确定】按钮，如图 4-28 所示。

图 4-28　创建工序

（2）系统弹出【叶片精加工】对话框，因已在【创建工序】对话框的【位置】选项组中设置【几何体】为【MULTI_BLADE_GEOM_COPY】，故此处不再指定轮廓等几何体。

（3）单击【驱动方法】选项组中的【方法】选项右侧的 🖏 按钮，系统弹出【叶片精加工驱动方法】对话框。在【切削周边】选项组中，设置【要精加工的几何体】为【分流叶片1】、【要切削的面】为【左面、右面、前缘】；在【驱动设置】选项组中，设置【切削模式】为【单向】、【切削方向】为【顺铣】、【起点】为【后缘】，如图4-29所示。

图4-29　设置分流叶片半精加工驱动方法

（4）单击【切削层】按钮📝，系统弹出【切削层】对话框，在【深度选项】选项组中，设置【深度模式】为【从包覆插补至轮毂】、【每刀切削深度】为【恒定】、【距离】为0.5mm、【起始%】为0、【终止%】为100，单击【确定】按钮。

（5）单击【切削参数】按钮📷，系统弹出【切削参数】对话框，在【余量】选项卡的【余量】选项组中，设置【叶片余量】、【轮毂余量】、【检查余量】均为0.1；在【公差】选项组中，设置【内公差】和【外公差】均为0.03，单击【确定】按钮。

（6）返回【叶片精加工】对话框，单击【生成】按钮📝，系统自动生成分流叶片半精加工刀路，单击【确定】按钮。生成的分流叶片半精加工刀路如图4-30所示。

（7）在工序导航器中右击 🖣 ✿ HUB_FINISH_... R3 ，在弹出的快捷菜单中选择【对象】|【变换】命令，系统弹出【变换】对话框，设置【类型】为【绕点旋转】，并在【变换参数】选项组中指定枢轴点，设置【角度】为90，在【结果】选项组中选中【复制】单选按钮，

设置【非关联副本数】为【3】，单击【确定】按钮，如图 4-31 所示。

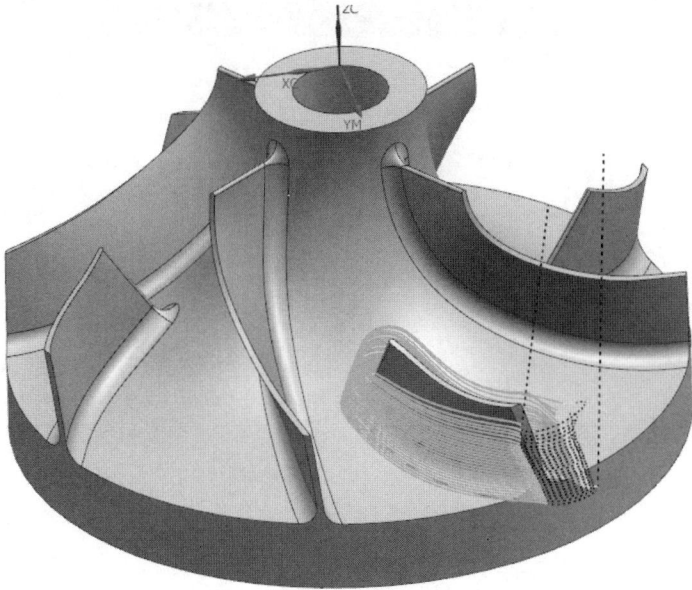

图 4-30　生成的分流叶片半精加工刀路

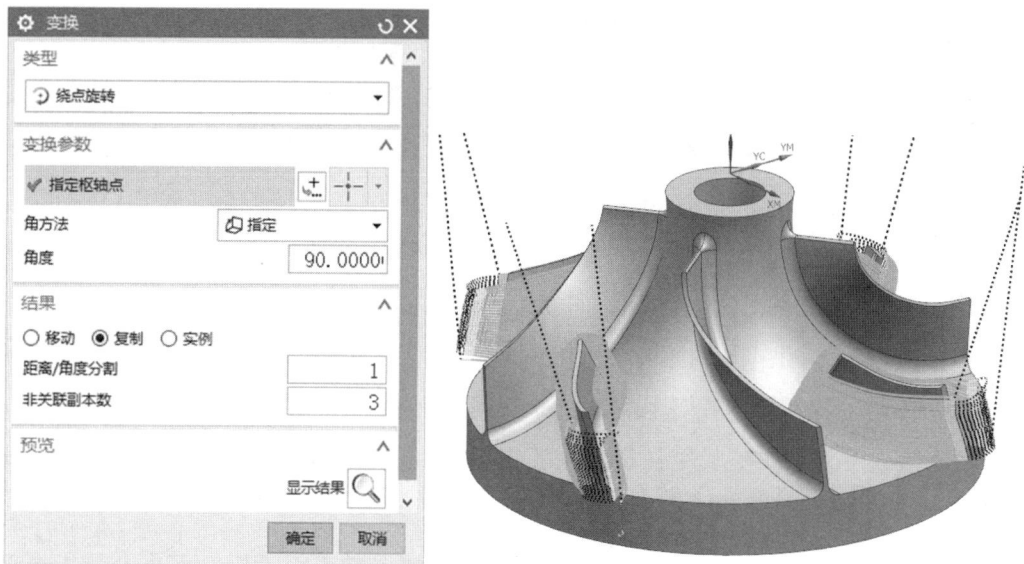

图 4-31　复制变换刀路

4.4.5　创建轮毂精加工程序

（1）在【插入】工具条中单击【创建工序】按钮，系统弹出【创建工序】对话框，设置【类型】为【mill_multi_blade】，在【工序子类型】选项组中单击【轮毂精加工】按钮，在【位置】选项组中根据需要进行参数设置，单击【确定】按钮，如图 4-32 所示。

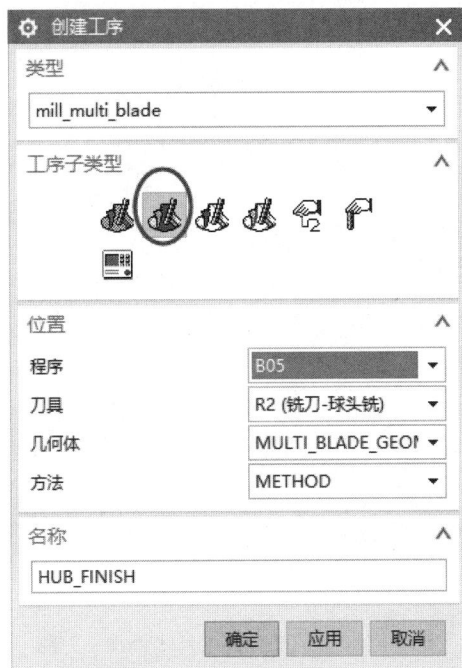

图 4-32　创建工序

（2）系统弹出【轮毂精加工】对话框，因已在【创建工序】对话框的【位置】选项组中设置【几何体】为【MULTI_BLADE_GEOM_COPY】，故此处不再指定轮廓等几何体。

（3）单击【驱动方法】选项组中的【方法】选项右侧的 按钮，系统弹出【轮毂精加工驱动方法】对话框。在【前缘】选项组中，设置【叶片边点】为【沿部件轴】、【距离】为 0、【切向延伸】为 0.7mm、【径向延伸】为 2mm；在【后缘】选项组中，设置【边定义】为【指定】、【距离】为 0、【切向延伸】为 0.5mm、【径向延伸】为 0；在【起始位置与方向】选项组中，单击【指定起始位置】按钮 ，选择箭头所指方向；在【驱动设置】选项组中，设置【切削模式】为【往复上升】、【切削方向】为【混合】、【最大距离】为 0.5mm，如图 4-33 所示。

（4）单击【切削参数】按钮 ，系统弹出【切削参数】对话框，在【余量】选项卡的【余量】选项组中，设置【叶片余量】、【轮毂余量】、【检查余量】均为 0；在【公差】选项组中，设置【内公差】和【外公差】均为 0.03，单击【确定】按钮，如图 4-34 所示。

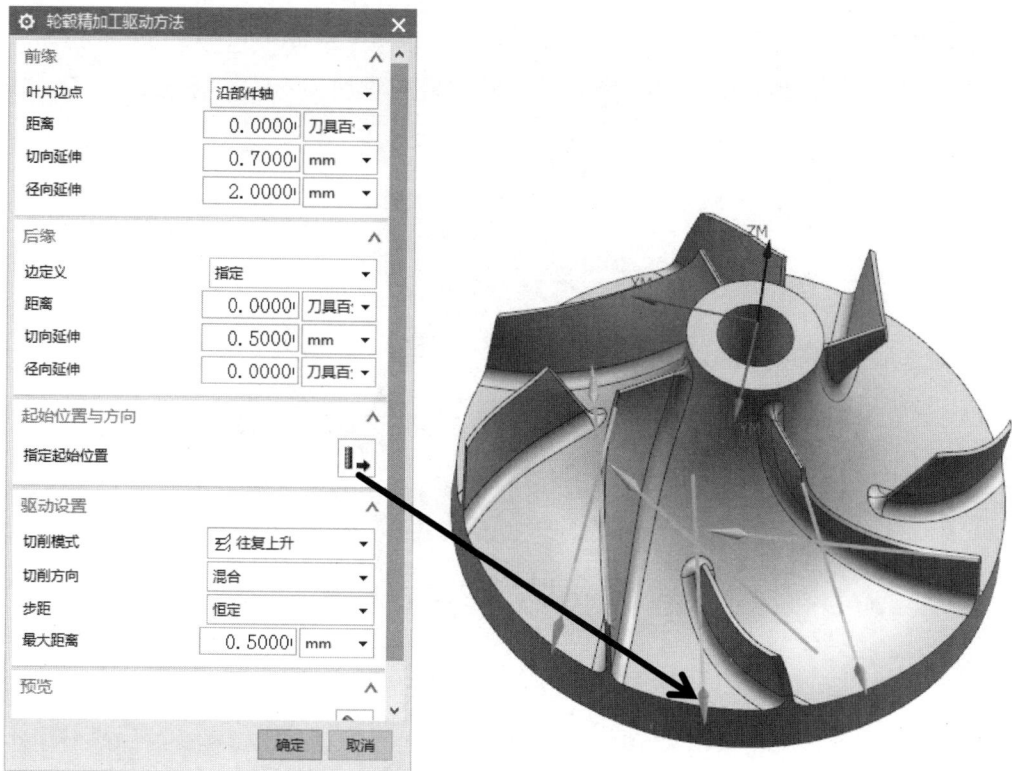

图 4-33　设置轮毂精加工驱动方法

图 4-34　设置切削参数

（5）返回【轮毂精加工】对话框，单击【生成】按钮 ，系统自动生成轮毂精加工刀路，单击【确定】按钮。生成的轮毂精加工刀路如图 4-35 所示。

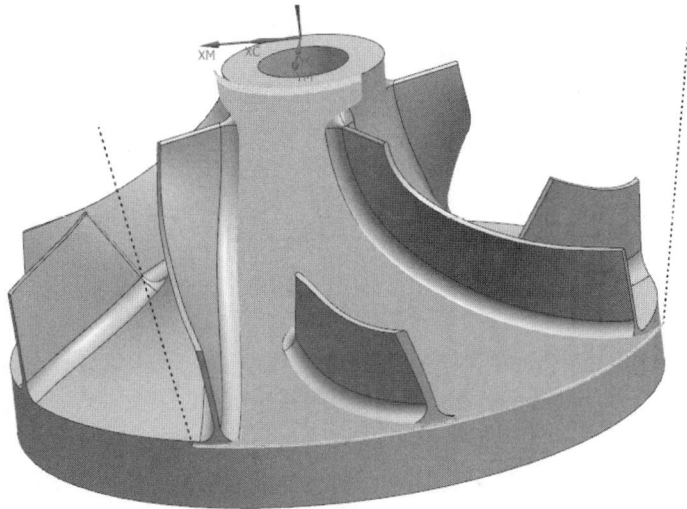

图 4-35　生成的轮毂精加工刀路

（6）在工序导航器中右击 HUB_FINISH ... R3 ，在弹出的快捷菜单中选择【对象】|【变换】命令，系统弹出【变换】对话框，设置【类型】为【绕点旋转】，并在【变换参数】选项组中指定枢轴点，设置【角度】为90，在【结果】选项组中选中【复制】单选按钮，设置【非关联副本数】为【3】，单击【确定】按钮，如图 4-36 所示。

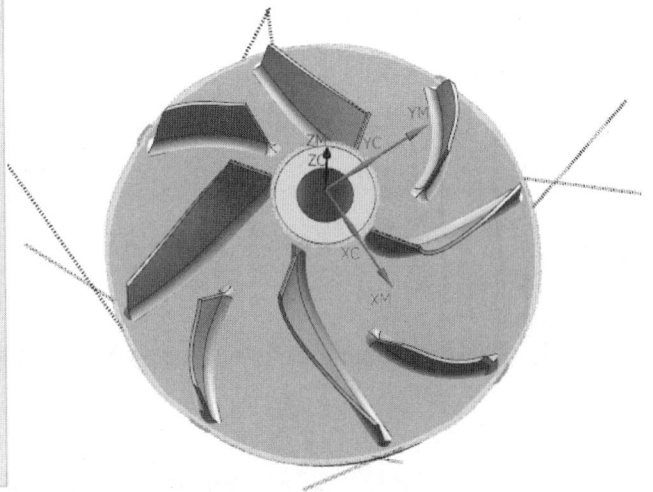

图 4-36　复制变换刀路

4.4.6　创建叶片精加工程序

（1）在【插入】工具条中单击【创建工序】按钮 ，系统弹出【创建工序】对话框，设置【类型】为【mill_multi_blade】，在【工序子类型】选项组中单击【叶片精加工】按钮 ，在【位置】选项组中根据需要进行参数设置，单击【确定】按钮，如图 4-37 所示。

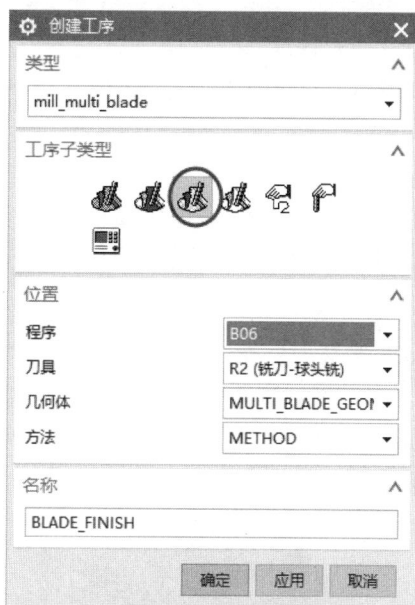

图 4-37　创建工序

（2）系统弹出【叶片精加工】对话框，因已在【创建工序】对话框的【位置】选项组中设置【几何体】为【MULTI_BLADE_GEOM_COPY】，故此处不再指定轮廓等几何体。

（3）单击【驱动方法】选项组中的【方法】选项右侧的 按钮，系统弹出【叶片精加工驱动方法】对话框。在【切削周边】选项组中，设置【要精加工的几何体】为【叶片】、【要切削的面】为【左面、右面、前缘】；在【驱动设置】选项组中，设置【切削模式】为【单向】、【切削方向】为【顺铣】、【起点】为【后缘】。

（4）单击【切削层】按钮 ，系统弹出【切削层】对话框，在【深度选项】选项组中，设置【深度模式】为【从包覆插补至轮毂】、【每刀切削深度】为【恒定】、【距离】为 0.1mm、【起始%】为 0、【终止%】为 100，单击【确定】按钮，如图 4-38 所示。

（5）单击【切削参数】按钮 ，系统弹出【切削参数】对话框，在【余量】选项卡的【余量】选项组中，设置【叶片余量】、【轮毂余量】、【检查余量】均为 0；在【公差】选项组中，设置【内公差】和【外公差】均为 0.03，单击【确定】按钮，如图 4-39 所示。

图 4-38　设置切削层参数

图 4-39　设置切削参数

（6）返回【叶片精加工】对话框，单击【生成】按钮，系统自动生成叶片精加工刀路，单击【确定】按钮。生成的叶片精加工刀路如图 4-40 所示。

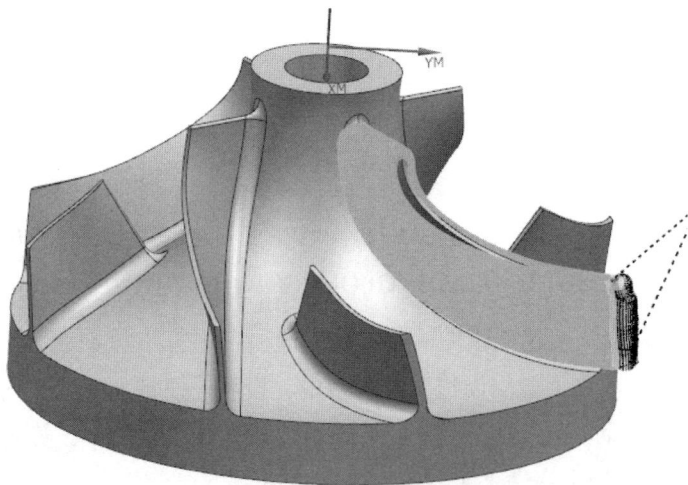

图 4-40　生成的叶片精加工刀路

（7）在工序导航器中右击 BLADE_FINISH_... R2 ，在弹出的快捷菜单中选择【对象】|【变换】命令，系统弹出【变换】对话框，设置【类型】为【绕点旋转】，并在【变换参数】选项组中指定枢轴点，设置【角度】为 90，在【结果】选项组中选中【复制】单选按钮，设置【非关联副本数】为【3】，单击【确定】按钮，如图 4-41 所示。

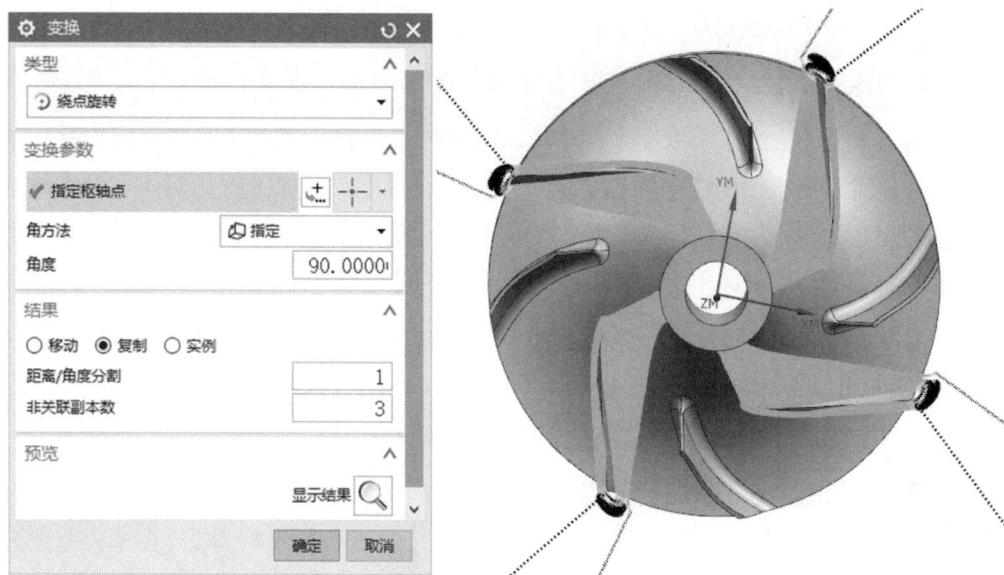

图 4-41　复制变换刀路

4.4.7　创建分流叶片精加工程序

（1）在【插入】工具条中单击【创建工序】按钮💺，系统弹出【创建工序】对话框，设置【类型】为【mill_multi_blade】，在【工序子类型】选项组中单击【叶片精加工】按钮🔧，在【位置】选项组中根据需要进行参数设置，单击【确定】按钮，如图 4-42 所示。

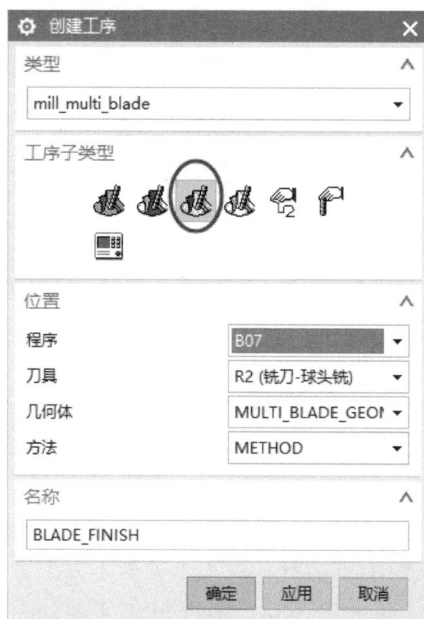

图 4-42　创建工序

（2）系统弹出【叶片精加工】对话框，因已在【创建工序】对话框的【位置】选项组中设置【几何体】为【MULTI_BLADE_GEOM_COPY】，故此处不再指定轮廓等几何体。

（3）单击【驱动方法】选项组中的【方法】选项右侧的 按钮，系统弹出【叶片精加工驱动方法】对话框。在【切削周边】选项组中，设置【要精加工的几何体】为【分流叶片1】、【要切削的面】为【左面、右面、前缘】；在【驱动设置】选项组中，设置【切削模式】为【单向】、【切削方向】为【顺铣】、【起点】为【后缘】。

（4）单击【切削层】按钮 ，系统弹出【切削层】对话框，在【深度选项】选项组中，设置【深度模式】为【从包覆插补至轮毂】、【每刀切削深度】为【恒定】、【距离】为 0.1mm、【起始%】为 0、【终止%】为 100，单击【确定】按钮。

（5）单击【切削参数】按钮 ，系统弹出【切削参数】对话框，在【余量】选项卡的【余量】选项组中，设置【叶片余量】、【轮毂余量】、【检查余量】均为 0；在【公差】选项组中，设置【内公差】和【外公差】均为 0.03，单击【确定】按钮。

（6）返回【叶片精加工】对话框，单击【生成】按钮 ，系统自动生成分流叶片精加工刀路，单击【确定】按钮。生成的分流叶片精加工刀路如图 4-43 所示。

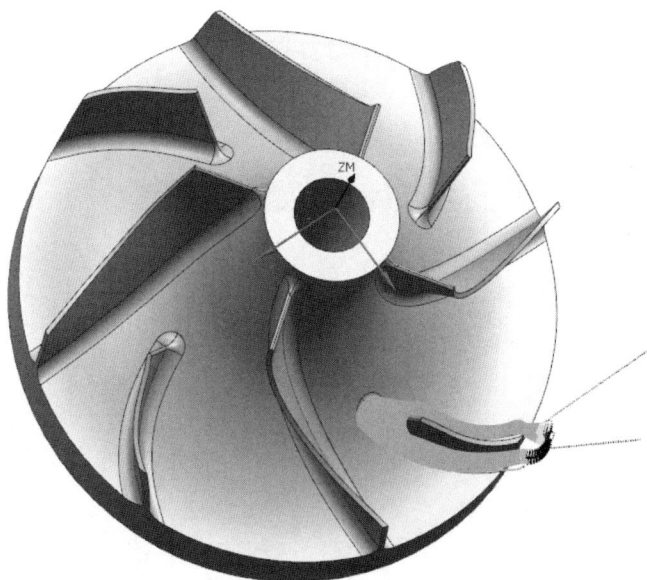

图 4-43　生成的分流叶片精加工刀路

（7）在工序导航器中右击 BLADE_FINISH_... |R2 ，在弹出的快捷菜单中选择【对象】|【变换】命令，系统弹出【变换】对话框，设置【类型】为【绕点旋转】，并在【变换参数】选项组中指定枢轴点，设置【角度】为 90，在【结果】选项组中选中【复制】单选按钮，设置【非关联副本数】为【3】，单击【确定】按钮，如图 4-44 所示。

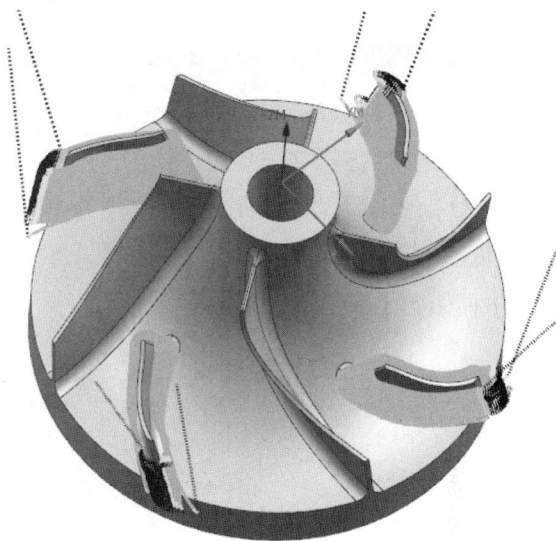

图 4-44　复制变换刀路

4.4.8　创建叶根圆角精加工程序

（1）在【插入】工具条中单击【创建工序】按钮 ![icon]，系统弹出【创建工序】对话框，设置【类型】为【mill_multi_blade】，在【工序子类型】选项组中单击【圆角精加工】按钮 ![icon]，在【位置】选项组中根据需要进行参数设置，单击【确定】按钮，如图 4-45 所示。

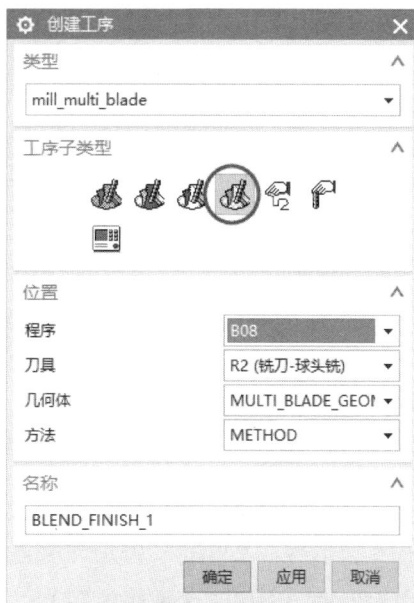

图 4-45　创建工序

（2）系统弹出【圆角精加工】对话框，因已在【创建工序】对话框的【位置】选项组中设置【几何体】为【MULTI_BLADE_GEOM_COPY】，故此处不再指定轮廓等几何体。

（3）单击【驱动方法】选项组中的【方法】选项右侧的 按钮，系统弹出【圆角精加工驱动方法】对话框。在【切削周边】选项组中，设置【要精加工的几何体】为【叶根圆角】、【要切削的面】为【左面、右面、前缘】；在【驱动设置】选项组中，设置【驱动模式】为【较低的圆角边】、【步距】为【恒定】、【最大距离】为 0.1mm、【切削模式】为【单向】、【切削方向】为【顺铣】、【起点】为【后缘】，如图 4-46 所示。

图 4-46　设置叶根圆角精加工驱动方法

（4）单击【切削参数】按钮 ，系统弹出【切削参数】对话框，在【余量】选项卡的【余量】选项组中，设置【叶片余量】、【轮毂余量】、【检查余量】均为 0；在【公差】选项组中，设置【内公差】和【外公差】均为 0.03，单击【确定】按钮，如图 4-47 所示。

（5）返回【圆角精加工】对话框，单击【生成】按钮 ，系统自动生成叶根圆角精加工刀路，单击【确定】按钮。生成的叶根圆角精加工刀路如图 4-48 所示。

图 4-47　设置切削参数

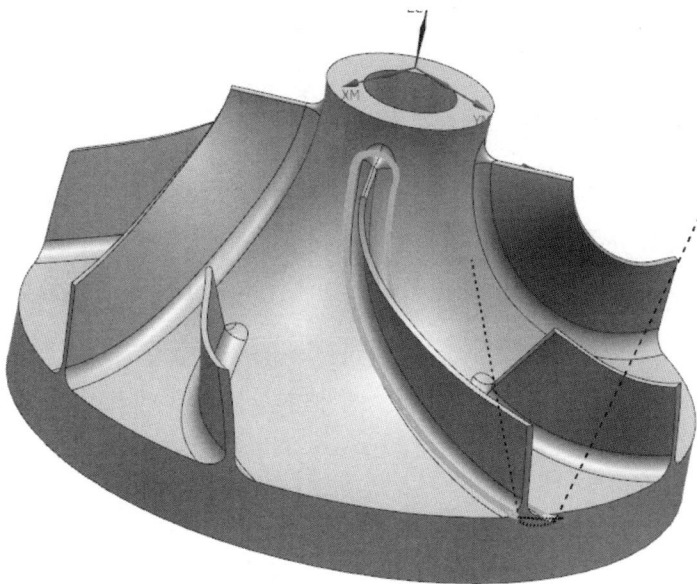

图 4-48　生成的叶根圆角精加工刀路

（6）在工序导航器中右击 HUB_FINISH_... R2，在弹出的快捷菜单中选择【对象】|【变换】命令，系统弹出【变换】对话框，设置【类型】为【绕点旋转】，并在【变换参数】选项组中指定枢轴点，设置【角度】为 90，在【结果】选项组中选中【复制】单选按钮，设置【非关联副本数】为【3】，单击【确定】按钮，如图 4-49 所示。

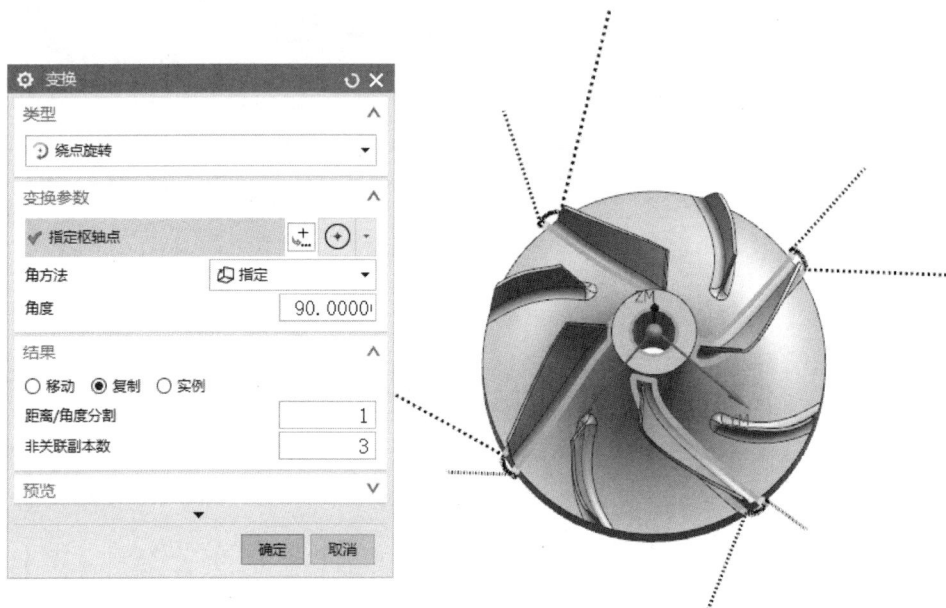

图 4-49　复制变换刀路

4.4.9　创建分流叶片倒圆精加工程序

（1）在【插入】工具条中单击【创建工序】按钮 ，系统弹出【创建工序】对话框，设置【类型】为【mill_multi_blade】，在【工序子类型】选项组中单击【圆角精加工】按钮 ，在【位置】选项组中根据需要进行参数设置，单击【确定】按钮，如图 4-50 所示。

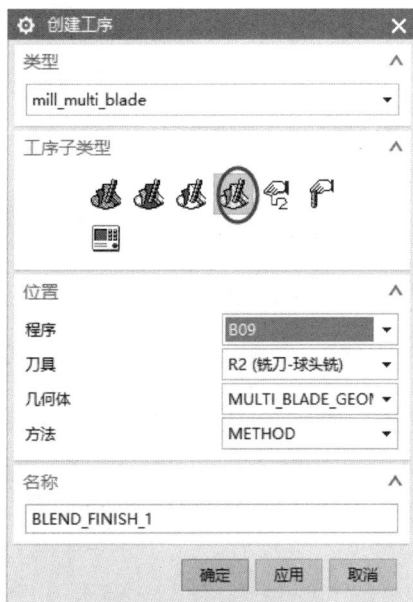

图 4-50　创建工序

（2）系统弹出【圆角精加工】对话框，因已在【创建工序】对话框的【位置】选项组中设置【几何体】为【MULTI_BLADE_GEOM_COPY】，故此处不再指定轮廓等几何体。

（3）单击【驱动方法】选项组中的【方法】选项右侧的 按钮，系统弹出【圆角精加工驱动方法】对话框。在【切削周边】选项组中，设置【要精加工的几何体】为【分流叶片 1 倒圆】、【要切削的面】为【左面、右面、前缘】；在【驱动设置】选项组中，设置【驱动模式】为【较低的圆角边】、【步距】为【恒定】、【最大距离】为 0.1mm、【切削模式】为【单向】、【切削方向】为【顺铣】、【起点】为【后缘】，如图 4-51 所示。

图 4-51　设置分流叶片倒圆精加工驱动方法

（4）单击【切削参数】按钮 ，系统弹出【切削参数】对话框，在【余量】选项卡的【余量】选项组中，设置【叶片余量】、【轮毂余量】、【检查余量】均为 0；在【公差】选项组中，设置【内公差】和【外公差】均为 0.03，单击【确定】按钮。

（5）返回【圆角精加工】对话框，单击【生成】按钮 ，系统自动生成分流叶片倒圆精加工刀路，单击【确定】按钮。生成的分流叶片倒圆精加工刀路如图 4-52 所示。

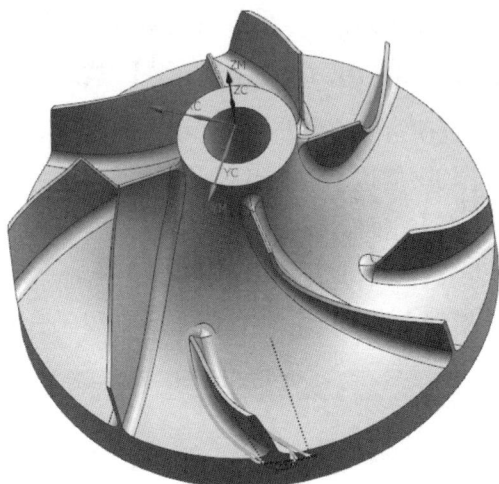

图 4-52　生成的分流叶片倒圆精加工刀路

（6）在工序导航器中右击  HUB_FINISH_... R2 ，在弹出的快捷菜单中选择【对象】|
【变换】命令，系统弹出【变换】对话框，设置【类型】为【绕点旋转】，并在【变换参数】
选项组中指定枢轴点，设置【角度】为 90，在【结果】选项组中选中【复制】单选按钮，
设置【非关联副本数】为【3】，单击【确定】按钮，如图 4-53 所示。

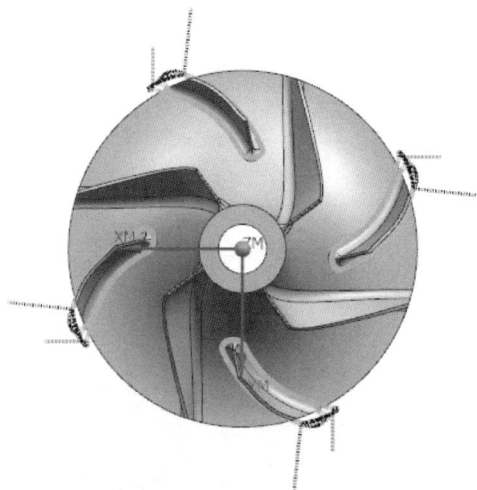

图 4-53　复制变换刀路

4.5　使用 UG 进行刀路检查

对于多个工位的刀路检查，建议采用 3D 动态方式，以便观察加工结果图的旋转与平

移效果。

　　在导航器中展开各刀路操作，先选择第 1 个刀路操作，然后按住 Shift 键的同时选择最后 1 个刀路操作。在主页的工具条中单击 按钮，系统弹出如图 4-54 所示的【刀轨可视化】对话框，打开【3D 动态】选项卡，单击【播放】按钮 。

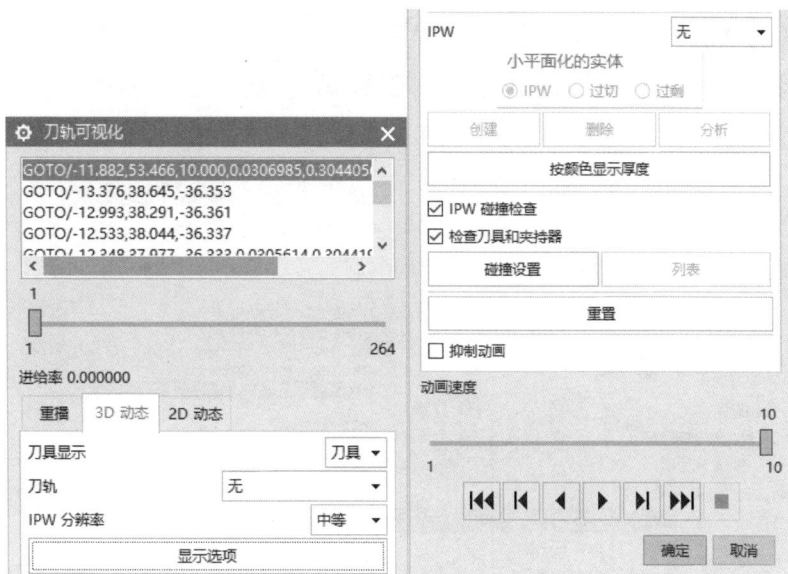

图 4-54　【刀轨可视化】对话框

　　刀路模拟过程如图 4-55 所示。

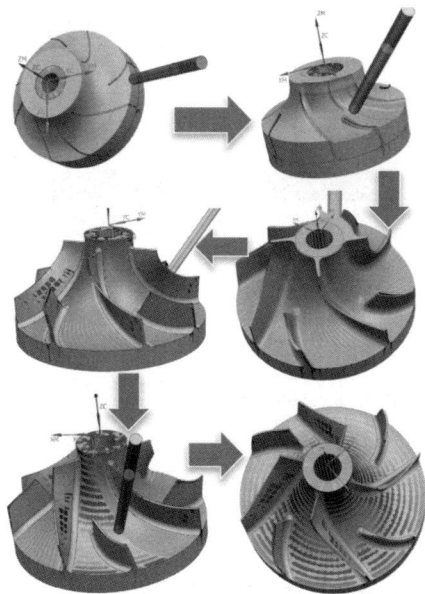

图 4-55　刀路模拟过程

4.6 后处理

本项目实例将在 XYZBC 双转台型机床上操作，加工坐标系的原点位于 *B* 轴和 *C* 轴旋转轴相交处。

在程序顺序视图 中，选择【B01】程序组，在主页的工具条中单击 按钮，系统弹出【后处理】对话框，选择【TT-BC】后处理器，在【文件名】文本框中输入【D:\B01】，单击【应用】按钮，弹出相应的信息框，如图 4-56 所示。

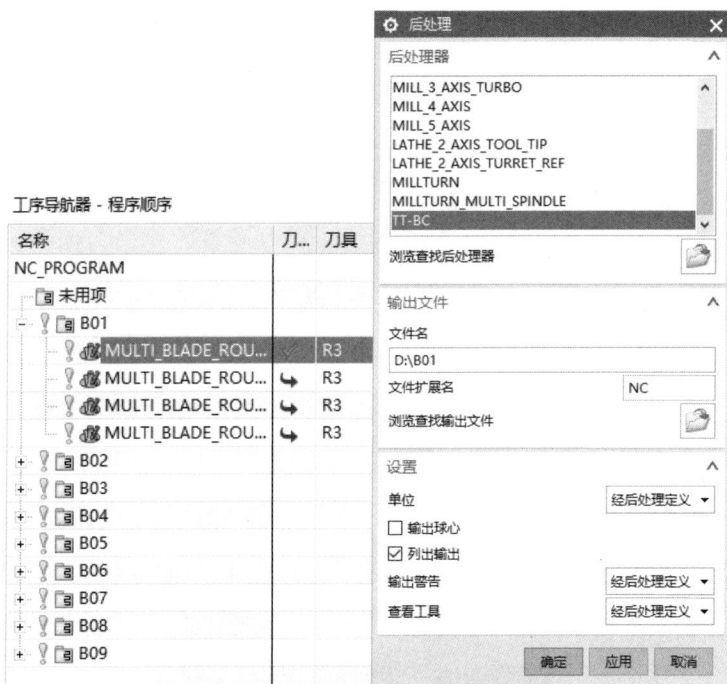

图 4-56　后处理

同理，对其他程序组进行后处理。后处理完成后，在主页的工具条中单击【保存】按钮，将图档存盘。

4.7　本项目小结

本项目主要讲解了涡轮叶片的数控编程与加工实例。

本项目的重点与难点：

（1）【mill_multi_blade】涡轮工序的应用；

（2）涡轮叶片加工模块的设置；

（3）刀具的创建。